André Göttler

Endlich! So gewinnst Du unzählige Geschäftspartner

„Für jeden Networker gibt es einen Weg zum Erfolg."

André Göttler

André Göttler

Endlich! So gewinnst Du unzählige Geschäftspartner

Praxiserprobte und sofort anwendbare Schritt für Schritt Anleitungen

Endlich!
So gewinnst Du unzählige Geschäftspartner

1. Auflage Juli 2008
Herstellung und Verlag:
Books on Demand GmbH, Norderstedt
ISBN 13: 978-3-8370-5605-1

Inhalt

Widmung

Dieses Buch widme ich meiner lieben und rücksichtsvollen Frau, die während meiner Karriere oft auf mich verzichten musste und mir immer mit Rat und Tat zur Seite steht. Weiterhin widme ich dieses Buch meinem Sohn, der froh ist, einen Vater zu haben, der von zu Hause aus arbeiten kann und meinen beiden Schwestern.

Danksagung

Absoluter Dank gehört meinen gewonnenen Vertriebspartnern (und mittlerweile meinen Freunden), ohne die ich dieses Buch nie hätte schreiben können. Weiterhin Danke sagen möchte ich meinem Mentor Roland Brand, der mir stets mit dem richtigen Vorausblick, den richtigen Taten und vielen Weisheiten geholfen hat, meinen eigenen Erfolgsweg zu finden und Oliver Meier, ohne dem ich heute nicht da wäre, wo ich bin.

Vorwort

Hallo liebe Leserin, hallo lieber Leser.

Zunächst einmal herzlichen Dank dafür, dass Sie sich dazu entschieden haben, mein Buch zu kaufen.
Während meiner eigenen Erfolgskarriere habe ich unzählige Bücher gelesen, jedoch konnte mir kein Buch einen praxisorientierten und für unterschiedlich strukturierte Networker übergreifenden Leitfaden aller bewährten Methoden zur Geschäftspartnergewinnung bieten, deswegen habe ich für Sie dieses Buch geschrieben.

Ein Hinweis:
Die in diesem Buch beschriebenen Leitfäden sind eben nur Leitfäden. Das heißt, diese sollten immer an Ihre Umgebung, Zielgruppe, Sprache und Rhetorik angepasst werden.

Weiterhin bin ich mir sicher, dass ein Großteil meines Erfolges auf der faszinierenden Entwicklung meiner eigenen Persönlichkeit beruht. Dies konnte ich durch das Lesen von Büchern und durch den Besuch von Erfolgsseminaren unterschiedlicher Trainer erreichen. Bis heute habe ich nicht mit dem Lesen von gewinnbringenden Büchern aufgehört und nehme immer noch jede Gelegenheit war, ein Erfolgstraining oder Erfolgsseminar zu besuchen.

In der Welt des Erfolgstrainings fühle ich mich so wohl, dass ich mittlerweile selbst Erfolgsseminare anbiete – insbesondere auch branchenübergreifende Spezialseminare für Networker. Eine Übersicht über angebotene MLM-Seminare finden Sie unter meiner Internetseite: www.go-diamond.net

Grundlagen

für erfolgreiches Network Marketing

Der Schlüssel zum Erfolg für effektives Network Marketing

Im Network Marketing gibt es die unterschiedlichsten Vorgehensweisen zur Geschäftspartnergewinnung. Jede Vorgehensweise kann bei richtiger Anwendung sehr schnell zum gewünschten Ziel führen. Da wir Menschen alle unterschiedliche Talente und Eigenschaften haben, ist natürlich nicht jede Vorgehensweise für jeden Networker geeignet.

Lassen Sie sich dazu ein Beispiel erzählen:

Thomas ist ein Networker, der von Natur aus ein aufgeschlossener und kontaktfreudiger Mensch ist. Er liebt es, neue Geschäftspartner durch eine direkte und persönliche Ansprache von Angesicht zu Angesicht für sich zu gewinnen. Mit dieser Vorgehensweise sponsert er Sonja. Sonja ist ein Mensch, der ähnliche Ziele wie Thomas hat, aber bei weitem nicht so kontaktfreudig ist. Thomas erzählt Sonja alles, was er über das Gewinnen von neuen Geschäftspartnern mit seiner Technik der Direktansprache (die im Übrigen auch Teil des Buches ist) weiß. Daraufhin beschließt Sonja für sich, das Gewinnen von neuen Geschäftspartnern heute mit dem Einkaufen zu verbinden. Da sie noch ein paar Besorgungen zu erledigen hat, verlässt sie mit großer Motivation das Haus, um zum nächstgelegenen Supermarkt zu fahren. Sie parkt ihr Auto und sieht wenige Meter entfernt einen jungen Mann, der seine Einkaufssachen in sein Auto einräumt. Sonja kommt in den Zwiespalt: Eigentlich, so denkt sie, müsste sie ihn jetzt auf ihr Geschäft ansprechen, doch ein inneres unbehagliches Gefühl sorgt dafür, dass sie es unterlässt. Nicht so schlimm, dann probiere ich es eben beim Einkaufen weiter, denkt Sonja und betritt den Supermarkt. Nach wenigen Minuten sieht

Sonja eine sympathische Frau hinter der Fleischtheke stehen. Diese junge Frau bedient ihre Kunden mit dem richtigen Engagement. Sie scheint ihren Kunden gegenüber sehr freundlich und hilfsbereit zu sein. Sonja denkt: Eigentlich wäre sie die ideale Frau für ihr Network – wenn sich Sonja nur trauen würde, diese Frau anzusprechen. Sonja hat aber ein mulmiges Bauchgefühl. Sie überlegt, was wohl die anderen Leute an der Theke denken würden, wenn sie jetzt die freundliche Bedienung auf ihre Geschäftsgelegenheit ansprechen würde. Nach kurzem Überlegen geht Sonja vorüber und ärgert sich über sich selbst. Wäre doch jetzt nur Thomas da und könnte für sie diese freundliche Frau ansprechen. Als Sonja mit ihren Waren an der Kasse ankommt, beschließt sie, die nette Kassiererin zu fragen, ob diese sich für ihre Geschäftsgelegenheit interessiere. Sonja hat zwar große Berührungsängste, bringt jetzt aber kleinlaut folgenden Satz über die Lippen: „Hallo, Sie machen auf mich einen sympathischen Eindruck. Ich habe vor kurzem ein Geschäft eröffnet. Hätten Sie Lust, sich ein zweites Standbein zu schaffen?“. Erleichtert, aber mit verunsichertem Gesichtsausdruck, freut sich Sonja über ihr kleines Erfolgserlebnis. Als sie zur Kassiererin aufblickt, stellt Sonja fest, dass die Freude nur von kurzer Dauer war. Die Kassiererin verzieht ihre Mundwinkel, runzelt die Stirn und entgegnet verärgert: „Was glauben Sie denn, was ich noch alles brauche. Ich arbeite hier jeden Tag bis spät abends, bin allein erziehend und soll mir jetzt noch ein zweites Standbein aufbauen. Nein Danke.“ Die Kassiererin schüttelt den Kopf, gibt Sonja das Wechselgeld heraus und widmet sich dem nächsten Einkäufer in der Schlange.

Traurig und enttäuscht von sich selbst verlässt Sonja den Supermarkt. Auf der Heimfahrt versucht Thomas, Sonja auf ihrem Handy anzurufen. Er möchte ihr gerne von seinem erfolgreichen Tag erzählen. Sonja jedoch möchte von Network Marketing und Geschäftsaufbau erst einmal nichts mehr wissen und schaltet das Handy aus. Innerlich beschließt sie, dass Multilevel Marketing für sie nichts ist. Thomas konnte Sonja nie wieder erreichen.

Natürlich hat diese kleine Geschichte einen überzogenen Höhepunkt und Schluss. Jedoch stellt sie die Hauptursache dar, weshalb Geschäftspartner im Network Marketing sehr schnell wieder aufgeben. Diese kennen keine geeigneten Methoden, mit denen sie unzählige neue Interessenten gewinnen können, die zu ihnen passen. Da diese sich selbst nicht zu helfen wissen, versuchen sie nach dem „hier falsch angewandten" Grundsatz der Duplikation, die vermeintlich erfolgreiche Methode der Führungskraft anzuwenden. Diese Methode funktioniert selbstverständlich — aber nur für deren Führungskraft. Viele Networker vergessen dabei, dass jeder Mensch unterschiedlich ist. Die Methode der Führungskraft zur Geschäftspartnergewinnung muss nicht unbedingt die maßgebende Methode für alle anderen Geschäftspartner sein.

Während der eine Mensch es bevorzugt, neue Geschäftspartner mit der Methode der Direktansprache kennenzulernen, bevorzugt es eben der andere Mensch, neue Geschäftspartner mit Hilfe von Zeitungsanzeigen zu gewinnen. Es ist außer Zweifel, dass beide Wege der Geschäftspartnergewinnung funktionieren. Sonja ist ein Mensch, der zwar ungern mit Personen von Angesicht zu Angesicht spricht, aber für ihr Leben gerne telefoniert. Wäre es für Thomas nicht besser gewesen, wenn er versucht hätte, herauszufinden, welche Methode zu Sonja passt, um ihr dann dazu die richtigen Anwendungsvorschläge zu geben. Natürlich wäre es besser gewesen. Er hätte eine Geschäftspartnerin mehr in seiner Downline, die es versteht, erfolgreich neue Geschäftspartner zu gewinnen.

Wenn Sie es (wie ein Arzt) beherrschen, jedem gesponserten Geschäftspartner das richtige Rezept für eine erfolgreiche Geschäftspartnergewinnung an die Hand zu geben, dann benötigen

Sie in der Tat nicht viele direkte Partner, um eine große Tiefenmultiplikation zu erreichen. Es reicht dann vollkommen aus, wenige Partner zu sponsern und diese (und deren Tiefe) in ihrer täglichen Arbeit zu unterstützen. Dies gelingt Ihnen aber nur, wenn Sie offen für Weiterbildung sind. Nur dann, wenn Sie das Wissen über die unzähligen Methoden der Geschäftspartnergewinnung haben, können Sie wie ein Arzt, die richtigen Rezepte verschreiben und dabei zu sehen, wie Ihre Downline explodiert. (Mehr dazu können Sie im Bonuskapitel des Buchs: *„Wie Du es mit nur wenig direkten Partnern schaffen kannst, an die Spitze Deines Marketingplans zu kommen.*" lesen.)

Folglich dessen steht ein erfolgreicher Geschäftsaufbau im Network Marketing auf zwei Säulen:

1) Die erste Säule:
   Sie brauchen eine Methode für sich, die Sie jederzeit "wenn Not am Mann ist" in die Lage versetzt, mit Spass Interessenten gewinnen zu können.

2) Die zweite Säule:
   Sie müssen mehrere Methoden erfolgreicher Geschäftspartnergewinnung kennen, um Ihren gesponserten Geschäftspartnern stets mit einer richtigen Empfehlung weiterhelfen zu können.

Genauso sollten Sie auch mein Buch verstehen. Es ist ein Buffet unterschiedlicher praxiserprobter Vorgehensweisen. Auf der einen Seite kommen Sie Ihrem persönlichen Erfolg am schnellsten näher, wenn Sie sich aus diesem Buffet eine Vorgehensweise zur Geschäftspartnergewinnung, die Ihnen Spass macht, auswählen. Auf der anderen Seite sollten Sie alle Vorgehensweisen kennen, um stets die richtige Empfehlung parat zu haben. Deswegen werden Sie in diesem Buch praxisnah lernen, wie Sie sämtliche Werkzeuge zur Geschäftspartnergewinnung richtig einsetzen. Alle im Buch beschriebenen Techniken zur Vertriebspartnergewinnung sind praxiserprobt.

Networker-Typen

In diesem Kapitel geht es darum, dass Sie sich selbst wiedererkennen und zukünftig in Ihrem Network-Geschäft die **richtigen Dinge korrekt tun.**

Damit meine ich, dass Ihnen die Geschäftspartnergewinnung vor allem Spass machen sollte. Der eine Networker identifiziert sich lieber mit der Technik A, der andere Networker eher mit der Technik B. Damit Sie es leichter haben, eine Technik zu finden, die Ihnen Spass macht, sind die beschriebenen Werkzeuge in einzelne Anwendungstechniken unterteilt.
Ich empfehle Ihnen beim Austesten der einzelnen Methoden auf Ihr Bauchgefühl zu hören. Sobald Sie merken, dass Ihnen die angewandte Methode der Vertriebspartnergewinnung keinen Spass macht, so hören Sie auf und probieren Sie etwas Neues aus. Es gibt keinen Grund, weshalb Sie das nicht machen sollten.
Vor allem geht es in meinem Buch darum, Ihnen dabei zu helfen, neue Kontakte für Ihr Geschäft zu gewinnen. Das beste Instrument, das Sie haben (konnten), ist Ihre Namensliste. Leider ist diese bei den meisten Networkern sehr schnell abgearbeitet. Dies führt dazu, dass viele Geschäftspartner sehr schnell wieder aufgeben, da Sie nicht wissen, wie sie weitere Geschäftspartner gewinnen können oder zu viel Geld für die Geschäftspartnergewinnung in Form von uneffektiven Zeitungsanzeigen ausgeben.

Zusätzlich habe ich während meiner Network-Karriere die Erfahrung gemacht, dass einige Networker zwar unterschiedliche Methoden der Geschäftspartnergewinnung kennen und nutzen, jedoch bestimmte Feinheiten, die zwischen Erfolg und Misserfolg entscheiden, nicht beachten. Das macht deren Erfolg zweimal bis dreimal so schwer. Dieses Buch wird Ihnen helfen, zukünftig wesentlich effektiver und kostengünstiger in der Interessentengewinnung zu sein.

Weiterhin sollte mit diesem Buch das Drama „zu frühes Aufgeben" ein Ende haben. Während des Weiterlesens werden Sie feststellen, dass Ihnen das Buch ein prächtiges Buffet mit Möglichkeiten zur Geschäftspartnergewinnung auftischt, an dem Sie eine für sich geeignete Methode schnell finden können.

Die einzelnen Arbeits-Werkzeuge habe ich nach folgenden Kategorien unterteilt. Vielleicht können Sie sich ja mit einem der folgenden Network-Typen identifizieren:

Kategorie: Alpha-Typ

Der Alpha-Typ ist ein aufgeschlossener, mutiger Mensch, der vor nichts zurückschreckt. Es fällt ihm überdurchschnittlich leicht, fremde Menschen persönlich zu begrüßen und direkt auf seine Geschäftstätigkeit anzusprechen. Er ist Jäger von Telefon-Nummern und fühlt sich unter Menschen pudelwohl. Es macht ihm Spass neue Menschen kennenzulernen. Gerne übernimmt er zum Wohl der anderen, wenn es die Situation erfordert, für diese das Wort. Am liebsten ist er zu Fuß oder mit dem Auto unterwegs. Er fühlt sich im Wohnzimmer des Interessenten pudelwohl und hat auch im Alltag kein Problem mit „vorgesetzten, positionshöheren" Menschen ernsthafte Gespräche zu führen. Unangenehme Situationen steckt er selbstbewusst und kontrolliert weg.

Kategorie: Beta-Typ

Der Beta-Typ ist eine aufgeschlossene Persönlichkeit. Er stellt sein Geschäft am liebsten Menschen vor, die er bereits „vom Sehen her“ kennt. Wenn es darum geht, einen völlig fremden potentiellen Interessenten direkt anzusprechen, verlässt den Beta-Typ ab und zu der Mut und er fühlt sich etwas schüchtern und unsicher. Andere Beta-Typen sprechen widerwillig trotzdem Menschen an, das ist dann jedes Mal für diese eine Mutprobe.
Viel lieber als potentielle Vertriebspartner direkt auf der Straße anzusprechen, kontaktiert der Beta-Typ sie telefonisch. Oftmals liegt seine Stärke darin, dass er am Telefon aktiv für neue Interessenten sorgen kann. Er wartet aber auch gerne am Telefon auf Anrufe von möglichen Geschäftspartnern. Der Beta-Typ hat es gerne, wenn Menschen zu ihm in sein Büro kommen. Menschen, die er bereits kennt, besucht er auch gerne. Er ist ein geselliger freundlicher Typ, der meistens um das Allgemeinwohl der Gruppe besorgt ist.

Kategorie: Gamma-Typ

Der Gamma-Typ ist ein Mensch der eher im Hintergrund seine Fäden ziehen möchte. Er fühlt sich vor allem zu Hause wohl. Wenn er das Haus verlässt, dann am liebsten auf dem Weg zu einem bestehenden, geselligen Kunden. Er möchte meistens vorher wissen, auf was er sich einlässt. Er mag es nicht so sehr, aktiv Menschen anzusprechen, freut sich aber über jeden Telefonanruf. Er hat es gern, wenn seine Interessenten so gut es geht vorinformiert sind, damit er nicht lange um den heißen Brei reden muss. Deswegen filtert er seine Interessenten gerne durch ein Telefonat oder über das Internet heraus.

Kategorie: Allrounder-Typ

Der Allrounder-Typ ist ein Mensch, der sich den ersten drei Typen nicht zuordnen lässt. Er gehört zu denjenigen, die sich am Mittagsbuffet nicht so richtig entscheiden können, was sie essen wollen. Er probiert gerne von allem etwas. Ihm gefällt es auf Leute zuzugehen, die eine gewisse Sympathie ausstrahlen. Genauso gefällt es ihm aber auch, die Fäden von zu Hause aus zu ziehen. Er ist meistens ein äußerst kreativer ideenreicher Mensch.

Konnten Sie sich wiederfinden?

Mastertipp:
Bevor wir nun zu den Werkzeugen kommen, möchte ich Ihnen noch einen wichtigen Tipp geben: Die meisten Networker vergessen nur allzu schnell die Zeit, in der sie kein Networker, sondern noch selbst ein Interessent waren. Bitte versuchen Sie deshalb jegliche Form der Vertriebspartnergewinnung immer aus der Sicht des Interessenten zu betrachten. Fragen Sie sich oft, wie würden Sie sich jetzt fühlen, wenn Sie als Interessent so angesprochen würden, wie Sie es gerade vorhaben.

Weiterhin möchte ich Sie jetzt um Ihr Verständnis bitten, dass ich Sie zukünftig mit der Du-Form anreden werde. Statistisch gesehen kann Wissen schneller und leichter durch die Du-Ansprache vermittelt werden.

Die Werkzeuge eines Networkers

1. Die Visitenkarte

Die meisten Geschäftspartner wollen sofort nachdem sie sich eingeschrieben haben, eine eigene Visitenkarte bestellen. Leider machen sich die wenigsten davor Gedanken, für welchen Zweck sie ihre Visitenkarte zukünftig nutzen wollen. Aus Spargründen versuchen sie kostenlose (dafür mit Werbung bedruckte) Visitenkarten im Internet zu bestellen oder Visitenkarten sogar selbst zu drucken. Anschließend geht dieser sparsame Personenkreis auf die Geschäftspartnerjagd und bewirbt sein doch so lukratives Geschäft mit einer werbebedruckten Visitenkarte.
Bitte merke Dir: Für den ersten Eindruck hast Du niemals eine zweite Chance. Letztendlich entscheidet über den Einstieg Deines Interessenten in Deine Downline meistens sein Bauchgefühl.
So seltsam das vielleicht klingt: Auch die Visitenkarte kann über ein positives oder negatives Bauchgefühl beim „Interessenten-Erstgespräch" mitentscheiden. Ich empfehle Dir immer folgendermaßen vorzugehen: Bei fast jedem MLM-Vertrieb können standardisierte Visitenkarten mit Deinen Kontaktdaten erworben werden. Diese Visitenkarten sind zwar meistens etwas teurer, werden aber dafür professionell gedruckt. Diese Visitenkarten nimmst Du, um sie Deinen Kunden oder bereits eingeschriebenen Geschäftspartnern zu geben. Sie strahlen die nötige Professionalität aus, die Du als Geschäftsfrau oder Geschäftsmann brauchst. Weiterhin solltest Du dieses Vorgehen von jedem Partner Deiner Downline verlangen.

Nur allzu oft passiert folgende Situation:

Du hast mit Deinem Partner aus der Tiefe ein Interessentengespräch (egal ob bei einem möglichen Kunden oder

Vertriebspartner). Jetzt zückt Ihr beide Eure Visitenkarten. Natürlich habt Ihr bereits bei der Begrüßung Eurem Interessenten gesagt, dass Ihr als Partner für die gleiche Firma tätig seid.
Was wird der Interessent wohl unbewusst erwarten? Richtig, dass Ihr selbstverständlich gleiche Visitenkarten habt. Würdest Du das als Interessent professionell finden, wenn diese jetzt unterschiedlich gestaltet wären? Sicherlich nicht, oder?
Das äußere Erscheinungsbild sollte immer gleich sein. So kann auch der neue Partner schneller und leichter eine Identifikation zu seiner Network-Organisation aufbauen.

1.1. Die Zweit-Visitenkarte

Parallel dazu empfehle ich Dir, Zweit-Visitenkarten erstellen zu lassen. Diese sollten einhundertprozentig neutral sein und keine Informationen über die von Dir ausgeübte Geschäftstätigkeit enthalten. Am besten eignet sich dafür schwarze oder blaue Schrift auf weißem Hintergrund. Das einzige aufgedruckte tolerierte Bild könnte ein Passfoto von Dir sein.
Diese Visitenkarte solltest Du weitergeben, wenn Du einem „alten“ Bekannten oder einem potentiellen Interessenten begegnest.
Du kannst ihm Deine Visitenkarte aushändigen und bitten Dich anzurufen. Mit dieser Visitenkarte stellst Du sicher, dass Dein Interessent Dir und Deiner Firma gegenüber neutral bleibt. Jetzt fragst Du Dich sicherlich warum?
Versetze Dich bitte einmal in die Lage Deines Bekannten oder Interessenten. Du bekommst eine Visitenkarte (mit Firmenaufdruck!) mit der Bitte um einen Rückruf ausgehändigt. Du bist neugierig und willst wissen, worum es wohl gehen mag. Was wirst Du wohl tun? Richtig – Sobald Du zu Hause bist, ist die Chance sehr hoch, dass Du Dich im Internet über diese Firma

vorab informierst. Du bist also dem Vorschlag Deines Bekannten gegenüber nicht mehr neutral eingestellt und rufst evtl. gar nicht mehr an. Wenn aber kein Firmenname aufgedruckt ist, kannst Du Deine Neugier nur durch einen Rückruf befriedigen.
Auch kann es sein falls Dein potentieller Interessent noch keine Beziehung zu Dir aufgebaut hatte, dass er sich bei einem anderen Geschäftspartner einschreibt, weil er von diesem z. B. eine Internetpräsentation bei seiner Recherche gesehen hat.
Deswegen solltest Du für solche Alltagssituationen immer die neutrale Visitenkarte verwenden.

Die Technik für den Alpha-Typ

Die im Folgenden beschriebene Ansprache-Technik eignet sich hervorragend dazu, wenn Du einen Menschen persönlich ansprechen möchtest. Wir nehmen an, dieser Mensch läuft Dir zufällig über den Weg. Du suchst den Blickkontakt und eröffnest das Gespräch folgendermaßen:

- „Guten Tag, mein Name ist Müller. Wir kennen uns noch nicht, aber könnten Sie mich heute Abend anrufen? Gegen 18 Uhr. Bitte nehmen Sie meine Karte."

Während der Gesprächseröffnung holst Du Deine Zweit-Visitenkarte hervor und drückst diese der „noch" fremden Person in die Hand. Wichtig ist, dass der Satz ungekünstelt und selbstsicher ausgesprochen wird. Ich habe meinen ersten Satz auswendig gelernt, bevor ich ihn eingesetzt habe. Weiterhin solltest Du auf einen sicheren Gesichtsausdruck und eine ruhig wirkende Körpersprache achten.

In 99 % aller Fälle wird jetzt folgende Reaktion Deines Gegenübers kommen:

Er fragt: „Worum geht es?" oder „Warum soll ich Sie anrufen?".

Da Du ja bereits wusstest, welche Frage Dir Dein Gegenüber stellen wird, hast Du natürlich die richtige Antwort parat. Deine Antwort sollte etwas dominant, dennoch freundlich und nicht arrogant wirken. Immerhin bietest Du ihm die Geschäftsgelegenheit seines Lebens an. Du kannst folgendes sagen:

- „Ich hätte nicht gesagt, rufen Sie mich heute Abend an, wenn ich Ihnen das jetzt hätte sagen wollen."

Klingt im ersten Moment schlimm, oder? Deshalb solltest Du unbedingt freundlich lächeln, während Du diesen Satz äußerst! Damit wirkt diese Formulierung nicht zu überzogen, hat aber dennoch eine starke Wirkung. Da Dein Gesprächspartner mit dieser Antwort unmöglich rechnen konnte, pausiert an dieser Stelle in der Regel das Gespräch kurz.
Du lässt Deine Antwort für einen kurzen Moment wirken und kommst ihm freundlich entgegen:

- „Okay, lassen Sie mich es versuchen, in einem Satz zu erklären, worum es geht. Danach muss ich aber weiter."

Jetzt machst Du noch einmal eine kurze Pause — nur einen Moment, um die Spannung zu steigern und bringst einen heißen Satz (mehr zum Thema „heiße Sätze" etwas später). Beispielsweise folgenden:

- „Sie haben eine ausgezeichnete Ausstrahlung. In meinem Business kann diese Ausstrahlung monatlich 5.000 € oder mehr einbringen."

oder:

- „Sie wirken jung und ehrgeizig. Ich hoffe, mein Eindruck täuscht mich nicht. Meine Firma bietet jungen und ehrgeizigen Menschen die Möglichkeit, selbst Chef zu sein und richtig Geld zu verdienen."

oder:

- „Sie haben eine ehrliches Erscheinungsbild. Das ist heutzutage rar zu finden. Ich bin Unternehmer und helfe Menschen dabei, in ihrem Nebenjob so viel wie in ihrem Hauptjob zu verdienen."

oder:

- „Sie hinterlassen einen aufgeschlossen Eindruck. Mein Chef hat gemeint, dass wir jemanden Aufgeschlossenen suchen, der gut in unser Team passen würde und Sie haben diesen Eindruck gemacht. Wir sind in der „XYZ" Branche tätig, dem Wachstumsmarkt Nr. 1 — mehr kann ich Ihnen aber erst erzählen, wenn Sie mich anrufen."

Du siehst, es gibt mehrere Möglichkeiten bei der angesprochenen Person Interesse zu wecken. Wichtig ist, dass Du Deinen eigenen heißen Satz findest mit dem Du Dich wohl fühlst.

Mastertipp:
Ein oft gemachter Fehler im MLM ist, mit zu hohen Verdienstzahlen oder zu weit hergeholten Chancen zu werben. Solche Anwerbesprüche lauten dann in etwa: „Interessante Möglichkeit, Millionär zu werden." oder „10.000 € und mehr an monatlichem Einkommen möglich." oder "nebenbei arbeiten und reich werden." usw.
Bleib immer Du selbst und vor allem authentisch. Wenn Du selbst noch kein Millionär bist, macht es keinen Sinn, andere Menschen damit begeistern zu wollen.

Kommen wir zurück zu unserem Gespräch: Du hast Deinen heißen Satz ausgesprochen. Jetzt liegt es an Dir, die Gesamtsituation zu beurteilen und den ursprünglich genannten Telefontermin nochmals hervorzuheben, indem Du z. B. sagst:

- „Rufen Sie mich einfach heute Abend um 18 Uhr an, dann habe ich Zeit, Ihnen mehr zu erzählen."

Falls Dein Gesprächspartner echtes Interesse signalisiert und auch nicht in Eile zu sein scheint, kannst du ihm auch sofort Deine Geschäftsidee erörtern. Beide Möglichkeiten sind denkbar.

Es gibt unterschiedliche Möglichkeiten solche Alltagssituationen herbeizuführen:
Da ich eher der etwas schüchterne Typ bin (okay ich gebe es ja zu, heutzutage nicht mehr, aber damals beim Start meiner Network-Karriere war ich es), habe ich diese Methode hin und wieder an Tankstellen angewandt. Eine Tankstelle ist insofern geeignet, da die meisten Menschen nach dem Tanken wieder weiterfahren wollen und meistens auch müssen. Die Befürchtung in eine Diskussion verwickelt zu werden, war also gering.
Weiterhin funktionierte diese Variante im Einzelhandel

außerordentlich gut. Ich habe mich zu einem bestimmten Produkt beraten lassen (egal, ob ich es gekauft habe oder nicht). War mir der Verkäufer sympathisch, habe ich ihn mit folgenden Satz versucht als Interessent zu gewinnen:

- „Wahnsinn, ich habe noch nicht oft so eine außerordentlich gute Beratung wie die Ihre erlebt. Sie machen einen ehrgeizigen, dennoch hilfsbereiten und sympathischen Eindruck auf mich. Ich bin Unternehmer und würde Ihnen gerne zur Arbeit am Wochenende und zu den langen Arbeitstagen eine Alternative bei gleichzeitig höherem Verdienst aufzeigen. Hätten Sie Interesse daran, sich beruflich und finanziell zu verbessern?“

Je nach Tagesform überreichte ich dem Verkäufer dann meine Visitenkarte oder bat ihn um seine Telefonnummer. In jedem Falle nannte ich schon einen Anruftermin.

Weitere tolle Alltagssituationen sind beispielsweise im:

- Flughafen/Bahnhof (es gibt viele Leute, die noch reichlich Zeit haben bis ihr Flug oder ihre Bahn startet und sich meistens in den Restaurants langweilen)

- Café (in fast jedem Café sitzt oft eine Person, die sich langweilt)

- Arztzimmer/Wartezimmer (hier kann Dein Gesprächspartner nicht ausweichen und Dein Gespräch kann intensiver werden)

Deiner Fantasie sind keine Grenzen gesetzt. Es nur wichtig ist, dass Du Dich bei der Ausübung wohlfühlst. Bei dieser Technik führt die Wiederholung und die sich dabei einspielende Routine sehr oft zum anhaltenden Erfolg.

Mastertipp:
Der Erfolg (Rückrufquote der angesprochenen Personen) dieser Technik und weiterer Techniken, die die Direktansprache fremder Personen voraussetzen, hängt zu mehr als der Hälfte davon ab, welchen ersten Eindruck Du bei Deinem Gesprächspartner hinterlässt. Versuche deswegen immer charismatisch, freundlich und selbstsicher zu wirken und Deinem Status (Unternehmer) entsprechend gekleidet zu sein. Es gehört zu Deinem Geschäft.

Die Technik für den Beta- oder Gamma-Typ

Manchmal kommt es vor, dass Du Menschen in einer Alltagssituation kennen lernst oder „alten“ Bekannten über den Weg läufst. Nach dem Smalltalk folgt unweigerlich die Frage nach dem Beruf. Hier ist es wichtig, zusätzlich zu einem „heißen Satz“ auch Deine eigene Geschichte parat zu haben. Zeigt Dein Gesprächspartner dann Interesse, überreiche ihm einfach Deine zweite Visitenkarte und bitte ihn Dich anzurufen oder schnapp Dir seine Telefon-Nummer. Mehr zum Thema „heißen Satz“ und eigene Geschichte kommt etwas später.

1.2 Die Dritt-Visitenkarte oder der Mini-Flyer

Die MLM-Profis benutzen oftmals sogar eine dritte Visitenkarte oder anstatt der dritten Visitenkarte einen Mini-Flyer.

Wenn Du die Gelegenheit hattest, Deinen Interessenten ausreichend vorzuinformieren, macht es Sinn, jetzt eine Karte auszuteilen, die Deinen Interessenten für ein nächstes Gespräch weiter qualifiziert. Nach dem Motto: „Bilder sprechen manchmal mehr als tausend Worte" sollte auf dieser Visitenkarte ein

interessantes Bild sein, dass Deine Sichtweise Deiner MLM Tätigkeit widerspiegelt. Beispielsweise ein Urlaubsfoto (das auch Dich zeigen kann), ein Foto wie ein Chef gerade eine Kündigung von seinem Mitarbeiter erhält oder ein Geldschein. Der Kreativität sind keine Grenzen gesetzt. Dazu brauchst Du noch eine Schlagzeile, die beispielsweise lautet: „Wie Sie in 6 Monaten Ihren Chef entlassen und den Montagmorgen genießen können!"
Auf dieser Visitenkarte sollten keine Adressdaten zu finden sein. Sie wird lediglich mit einem Link zu Deiner Homepage und/oder einer Telefon-Nummer zu Deinem Voicemail-System bedruckt. Dort kannst Du Deinen Interessenten noch mehr Informationen geben und auffordern, sich bei Dir zu melden. Wie Du ein solches Voicemail-System oder eine Homepage einrichtest, dazu kommen wir etwas später.
Egal wie Du Visitenkarten einsetzt, so empfehle ich Dir immer, diese professionell drucken zu lassen und nicht im Geldbeutel oder in der Kleidung, sondern in einem Visitenkarten-Etui aufzubewahren.

Die Technik für den Beta-Typ

Im Gegensatz zur Zweit-Visitenkarte eignet sich diese Visitenkarte bzw. der Mini Flyer hervorragend dazu, Menschen anzusprechen – gerade dann, wenn Du etwas aufgeregt bist. Der bereits auf der Karte aufgedruckte „heiße Satz" spricht für Dich. Beim Geben der Karte solltest Du auf jeden Fall authentisch und ehrlich sein. Fühlst Du Dich aufgeregt, dann steh einfach dazu. Folgendes Gespräch wäre möglich:

- „Entschuldigen Sie bitte, dass ich Sie einfach so anspreche. Ich bin auch etwas aufgeregt, denn normalerweise mache ich das nicht. Aber Sie haben einen so netten Eindruck auf mich gemacht, dass ich Ihnen gerne eine besondere Karte geben möchte. Wenn Sie Lust haben, sehen Sie sich das doch einfach einmal an. Sie können durch die aufgedruckte Telefon-Nummer oder durch die Internetseite jederzeit mit mir Kontakt aufnehmen. Danke."

In der Praxis habe ich diese Taktik schon hin und wieder benutzt. Es hat noch nie jemand verärgert reagiert. Ganz im Gegenteil - die Menschen freuen sich meistens über die nette, ehrliche Ansprache und reagieren entsprechend freundlich.

Eine weitere tolle Variante in der Geschäftspartneranwerbung ist es, diese Karte beim Bezahlen weiterzureichen. Du kannst sie als etwas Besonderes vermarkten, wenn Du beispielsweise folgendes sagst:

- „Sie haben mich so nett bedient, deswegen kann ich nicht anders. Hier haben Sie eine Karte von mir. Ich bin sicher, wenn Sie sich das ansehen, könnte es Ihr Leben radikal verändern. Ich habe das Gefühl, Sie könnten gut zu uns passen und sich beruflich und finanziell weiter verbessern. Sie sind klasse!"

Es gibt tausende von Möglichkeiten in Alltagssituationen so eine Karte zu überreichen: Beim Einkaufen an der Kasse, nach dem Essen im Restaurant, nach einer Hotelübernachtung, beim Tanken und überall wo Du sonst unterwegs bist.

Die Technik für den Gamma-Typ

Toll am Mini-Flyer oder der Dritt-Visitenkarte ist auch, dass Du sie einsetzen kannst, um bestimmte Zielgruppen anzuwerben, ohne vorher großartig mit den Menschen sprechen zu müssen. Dazu gibt es richtig viele Möglichkeiten.

Du kannst diese Karte jederzeit und überall liegen lassen. Beispielsweise nach dem Essen im Restaurant am Tisch, nach dem Solariumbesuch in der Kabine oder nach dem Parken kannst Du die Karte oder den Mini-Flyer am Auto neben Dir anbringen. An Autobahnausfahrten stehen oft parkende Autos. Du kannst anhalten und Deine Flyer auch dort verteilen. Beachte aber bitte dabei, den Flyer oder die Karte nicht an der Windschutzscheibe anzubringen. Die meisten Menschen sehen diese dann erst, wenn Sie im Auto sitzen. Viel geeigneter ist es, diese zwischen der Fahrertür und der Türscheibe zu klemmen oder am Türgriff anzubringen.

Mastertipp:
Meistens parken Autos an Autobahnausfahrten, weil sich Berufstätige zu Fahrgemeinschaften zusammenschließen. Du könntest für Deinen Flyer zum Beispiel folgende Schlagzeile verwenden:

- „Wie Sie eine Arbeit finden, ohne lange Wegstrecken fahren zu müssen — bei bester Bezahlung."

oder

- „Während Sie wahrscheinlich zwei Stunden zu und von Ihrer Arbeitsstätte fahren, schaffen es unsere Mitarbeiter, sich ein Einkommen von monatlich 1.500 € zusätzlich aufzubauen."

Mastertipp:
Bitte vermeide die mittlerweile jedem bekannte Schlagzeile: „Arbeit von zu Hause aus zu vergeben." Nicht nur, dass einige Menschen gerade deswegen nicht reagieren — die meisten Menschen glauben, es handelt sich um eine Art Heimarbeit im klassischen Sinne (z. B. um das Zusammenstecken kleiner Teilchen etc.). Sei kreativ, aber zielorientiert!

Meine eigene Schlagzeile für Mini-Flyer und Visitenkarten war:

- „Wenn Sie gerne wissen möchten, wie man ein Vermögen macht und gleichzeitig seinen Arbeitsplatz behält — solange man will, dann sollten Sie folgende Telefon-Nummer wählen: 12345 oder sich im Internet unter: www.xyz.de informieren."

Es macht Sinn, die Schlagzeile so zu formulieren, dass Du die Zielgruppe, mit welcher Du zusammenarbeiten möchtest, richtig ansprichst. Dies war eine Formulierung mit der wir nebenberufliche Geschäftspartner gesucht haben.

Falls Du Visitenkarten auslegen möchtest, ist es oftmals sinnvoll, Dich innerhalb Deiner Branche zu bewegen. Wenn Du beispielsweise in der Nahrungsergänzungsbranche tätig bist, sollten Deine Visitenkarten oder Mini-Flyer dort zu finden sein, wo Menschen das Bedürfnis haben, gesünder werden zu wollen. Mögliche Orte wären zum Beispiel:

- im Fitnessstudio,
- beim Arzt,
- beim Heilpraktiker etc.

Die Technik für den Alpha-Typ

Ich empfehle Dir nach einem längeren Interessentengespräch – zur Untermauerung des Gesprächs – dem Interessenten diese Karte zu überreichen. Hier kann er sich im Anschluss, wenn Du nicht mehr da bist, noch einmal in Ruhe im Internet über die Vorteile Deiner Firma und Deiner Geschäftsgelegenheit informieren.

Ein weiterer Vorteil ist: Nur selten ist beim Erstkontakt der Lebenspartner dabei. Spricht Dein „noch heißer“ Interessent daheim mit dem Lebenspartner, kann Dein aufgebauter Kontakt schnell erkalten. Schließlich kann Dein Interessent noch nicht alles richtig erklären. Dank des Mini Flyers aber, könnten sich beide beispielsweise eine Internetpräsentation ansehen oder ein Voicemail-System abhören.

2. Der Notizblock

Alternativ oder zusätzlich zu einem zweiten Satz von Visitenkarten empfehle ich Dir immer mit einem kleinen Notizblock und mit einem Stift ausgestattet zu sein. Wenn Du eine Visitenkarte weg gibst, heißt das nicht immer, dass Dich Dein Interessent anrufen wird. Er kennt Dich ja schließlich noch nicht. Durch einen Notizblock bist Du in der Lage, Dir immer und überall den Namen und die Telefon-Nummer Deines Interessenten zu notieren, damit Du ihn zu einem späteren Zeitpunkt anrufen kannst. Auch kannst Du Deinem potentiellen Interessenten auf dem Notizzettel Deine Kontaktdaten und einen konkreten Anrufzeitpunkt schreiben und diesen weitergeben.

Die Technik für den Alpha-Typ

Im vorherigen Kapitel „Einsatz der Zweit-Visitenkarten" habe ich Dir bereits die Methode des Direktkontakts zur Interessentengewinnung erläutert. Diese Methode sieht vor, dass Du eine Visitenkarte mit der gleichzeitigen Bitte um Rückruf an Deinem Interessenten weiterreichst. Wenn Du möchtest, kannst Du auch die Visitenkarte weglassen und dafür einen Notizblock benutzen. Dadurch ergeben sich für Dich zwei zusätzliche Möglichkeiten, dieses Gespräch in Deinem Sinne zu beeinflussen:

- Du hinterlässt bei Deinem Gesprächspartner den Eindruck, dass Du keine Visitenkarten dabei gehabt hast. Dadurch steigt die Chance, dass er das Gespräch als etwas sehr Besonderes wahrnimmt, da er davon ausgeht, dass Du das nicht immer machst. Weiterhin kannst Du Deinem Gesprächspartner nochmals die genaue Anruf-Uhrzeit und Deine Telefon-

Nummer aufschreiben, somit sinkt die Chance deutlich, dass er den Termin vergisst.

- Du schließt das Gespräch nicht damit ab, indem Du Dein Gegenüber um einen Anruf, sondern um seine Visitenkarte bittest. Da Privatpersonen in der Regel keine Visitenkarten haben, muss er Dir seine Kontaktdaten mündlich weitergeben, die Du dann professionell auf Deinem Notizblock notieren kannst. Lass Dir dazu auch gleich eine Uhrzeit geben, zu der Du Deinen Interessenten am besten erreichen kannst. Jetzt liegt die Initiative bei Dir. Du kannst Ihn anrufen wann Du möchtest, denn Du hast jetzt seine Daten.

Die Technik für den Beta-Typ

Wenn Du ein Beta-Typ bist, kannst Du den Notizblock ähnlich wie den Mini-Fyler oder die Dritt-Visitenkarte in fast allen Alltagssituationen einsetzen. Ein Beispiel wäre ein Restaurantbesuch. Nach dem Bezahlen machst Du der Person, die Dich bedient hat, ein Kompliment zur Servicequalität. Du kannst sie folgendermaßen ansprechen:

-„Klasse, wie Sie mich bedient haben. So jemanden wie Sie suche ich schon lange. Mit großer Wahrscheinlichkeit habe ich für Sie eine geniale Chance, sich beruflich zu verbessern. Darf ich Ihren Namen und Ihre Telefon-Nummer haben? Ich rufe Sie an."

Es wirkt professionell, wenn Du jetzt einen Notizblock und einen Stift zückst, um den Namen, eine Telefon-Nummer und einen passenden Anrufzeitpunkt notieren zu können.

3. Der Flyer

Flyer waren im Multilevel Marketing lange Zeit verpönt, da Sie relativ teuer waren. Dies ist heutzutage kaum noch der Fall. In der heutigen Zeit findest Du — dank dem Internet — viele preiswerte Möglichkeiten, Flyer auch in großen Stückzahlen drucken zu lassen.
Leider geben die meisten Networker die Arbeit mit Flyern schnell wieder auf. Sie verteilen wenige hundert Flyer und bemängeln dann, dass sie so gut wie keine Resonanz bekommen. Dies kommt daher, dass die wenigsten Networker sich mit Rücklaufquoten auseinander setzen. Flyer haben gewöhnlich eine Rücklaufquote von 0,3% bis 0,5%. Das kann nach der Verteilung von 1000 Flyern drei bis fünf Rückmeldungen bedeuten. Bei der Verwendung von wenigen hundert Flyern bedeutet das hingegen, dass man manchmal keine einzige Rückmeldung hat.

Bei der Flyerwerbung sind folgende Punkte zu beachten:

- Ein Flyer sollte nicht an einem Wochentag verteilt werden, an dem in der Region die meisten Werbeprospekte verteilt werden, sondern an einem anderen Tag, damit er beachtet wird.

- In der Flyerwerbung ist nicht nur der Text, sondern auch das Design entscheidend. Ein Freund hat einmal zu mir gesagt: Wenn Du ein auffälliges Haus haben möchtest, dann klettere auf den Kirchturm und such Dir die Farbe für Dein Haus aus, die keiner hat.
  Das heißt letztendlich: Das Design sollte sich von allen normal produzierten Flyern deutlich abheben. Beispielsweise könnte es Sinn machen, Neon-Farben zu verwenden. Neon-Farben werden noch immer sehr selten verwendet. Verleihe Deinem

Flyer zum Beispiel die durchgängige Neonfarbe grün (z. B. als Hintergrund, als Schrift oder in Form eines Symbols etc).

- Ähnlich wie bei der Visitenkarte gilt auch beim Flyer: „Ein Bild spricht meistens mehr als tausend Worte." Aus persönlicher Erfahrung kann ich Dir nur empfehlen, Dich auf ein einziges Bild zu begrenzen, welches zu dem im Flyer beworbenen Text passt. Ansonsten wäre die Gefahr einer Reizüberflutung für den Lesenden zu groß.

- Der Text sollte sich bei einem einseitigen Flyer auf eine einzige Schlagzeile beschränken und zusätzlich die Aufforderung enthalten, eine Internetseite zu besuchen oder eine Telefon-Nummer zu wählen.

Zudem macht es Sinn, das Angebot zu begrenzen. Beispielsweise könnte Deine Schlagzeile folgendermaßen lauten: „Falls Sie den Wunsch nach mehr Schwung und Einkommen in Ihrem Leben haben, dann fordern Sie unter der kostenlosen Telefon-Nummer 0123456789 bis Montag, dem (Datum) Ihr kostenloses Infopaket an. Der Vorrat ist begrenzt." Bei einem zweiseitigen Flyer würde ich auf der Rückseite ausschließlich Referenzen zufriedener Kunden oder Geschäftspartner drucken lassen und dabei ausdrücklich betonen, dass der Interessent sich kostenlos über ein Voicemail-System und/oder eine Internetseite informieren kann.

Wenn Du Dir einen etwas höheren finanziellen Aufwand leisten kannst, empfehle ich Dir, etwas vom Text unterschiedliche Flyer (mit immer gleichem Design) an die gleichen Haushalte öfters zu verteilen.
Versetze Dich doch einmal in die Lage des potentiellen Interessenten. Du bekommst einen Flyer von einer Firma, die Du zuvor noch nie gesehen oder gehört hast. Wie reagierst Du selbst, wenn Du eine Sache nicht kennst? Richtig, man ist meistens etwas

skeptisch. Dank der Anonymität des Internets ist die Chance zwar höher, dass der Interessent die auf dem Flyer aufgedruckte Internetadresse aufsucht und sich unverbindlich informiert, generell gesehen, hat er aber zu Dir keinen Bezug.
Dieser Trick der Werbung ist zwar Jahrzehnte alt, funktioniert aber noch heute. Du verteilst im gleichen Gebiet nach zeitlichen Abständen einen zweiten, dritten, vierten, fünften Flyer.
Wichtig ist, dass Dein äußeres Erscheinungsbild gleich bleibt und die Werbebotschaft immer wieder etwas abweicht.
Damit Du mich leichter verstehen kannst, erzähle ich Dir folgendes Beispiel:

Stell Dir vor Du bist einkaufen. Beim Einkaufen fällt Dir eine auf dem ersten Blick sympathische Person auf, die Du vorher noch nie gesehen hast. Du lächelst unterbewusst und wirst scheinbar von der anderen Person wahrgenommen. Durch einen Zufall siehst Du diese Person am nächsten Tag wieder und am übernächsten Tag ebenfalls.
Ist die Chance jetzt nicht sehr hoch, dass man sich ein „Hallo" oder ein bewusstes Lächeln zuwirft? Viele Menschen würden sich jetzt sogar trauen, die andere Person anzureden und einen Smalltalk nach dem Motto „Das kann kein Zufall sein, dass wir uns schon wieder begegnen" anfangen. Ähnlich verhält es sich mit Deiner Flyer-Werbung. Wenn Du öfters mit dem richtigen Flyer wirbst, fassen die Menschen unterbewusst Vertrauen. Dementsprechend wird die Chance größer, dass Du nach dem wiederholten Austeilen des Flyers Erfolg hast.

Ein weiterer Tipp im Umgang mit Flyern ist, Deinen Flyer vor dem Verteilen zu testen.
Das Testen kannst du dir sehr leicht machen. Du sammelst am besten alle Werbe-Flyer die du nächste Woche in Deinem Briefkasten findest. Jetzt musst du lediglich Deinen Flyer zwischen den anderen Flyern legen und prüfen, ob Dein Flyer hervorsticht.

Da das Ergebnis aber noch sehr subjektiv ist, empfehle ich Dir, diesen Test mit einer dritten Person Deiner Wahl zu machen.
Frage einfach diese dritte Person, welcher Flyer ihr am meisten zwischen den anderen Werbungen auffällt und welchen sie sich als erstes ansehen würde.

Die Technik für den Beta-Typ

Flyer eignen sich natürlich mehr zur passiven, statt zur aktiven Vertriebspartnergewinnung. Der einzige sinnvolle aktive Einsatz ist folgender:

Du verteilst nicht 1000 Flyer auf einmal, sondern teilst Dir die Anzahl der Flyer so ein, dass Du Nachfass-Telefonate führen kannst (ob diese in Deinem Land gesetzlich erlaubt sind, kann ich nicht beurteilen. Sollten Nachfass-Telefonate verboten sein, distanziere ich mich von dieser Aussage!).

Zum Beispiel könntest Du folgende Strategie fahren:

Verteilte Flyer pro Gebiet = 50 Stück

	Gebiet A	Gebiet B	Gebiet C	Gebiet D	Gebiet E
1. Woche:	Flyer 1				
2. Woche:	Flyer 2	Flyer 1			
3. Woche:	Flyer 3	Flyer 2	Flyer 1		
4. Woche:	Flyer 4	Flyer 3	Flyer 2	Flyer 1	
5. Woche:		Flyer 4	Flyer 3	Flyer 2	Flyer 1

In Deinem letzten Flyer (in diesem Beispiel ist es der vierte Flyer) kündigst Du ein Nachfass-Telefonat an. In diesem Beispiel stehen jetzt nach der 4. Woche wöchentlich 50 Flyer zum Nachfassen an.

Wenn Du jetzt 5 Tage die Woche an jedem Tag 10 Nachfass-Telefonate führst, kommst Du leicht zum Erfolg.

Die Technik für den Gamma-Typ

Um passive Erfolge durch Flyer-Werbung zu erzielen, macht es Sinn in einem bestimmten Gebiet jede Woche 200 - 1000 Flyer zu verteilen (bis zu 8 Wiederholungen). Ebenso wichtig wie das wiederholte Verteilen der Flyer ist es, sich vorher eine Zielgruppe bzw. ein Zielgebiet auszusuchen. Es wäre töricht, Deine Flyer blind zu verteilen.
Im Internetauftritt von einigen größeren Städten gibt es mittlerweile Gebietskarten, die z. B. die Kaufkraft, den Altersdurchschnitt, den Anteil nicht deutscher Staatsbürger und vieles mehr preis geben. Meist sind diese nach Stadtteilen sortiert.
Wenn Du etwas kreativ bist, fallen Dir mit Sicherheit noch mehr Beispiele zum zielgruppen-bezogenen Verteilen von Flyern ein. Du kannst Deine Schlagzeile immer flexibel anpassen.

Zum Beispiel:

- Auf Parkplätzen bei Einkaufszentren mit folgender Schlagzeile: „geniale Idee: Wie Sie Ihre Haushaltskasse um monatlich 200 € - 500 € aufbessern können..."

- Abends unter der Woche an Kinos: „Wie Sie morgen ausschlafen und Ihren Chef den Rücken zu drehen können..."

- Am Wochenende in Gaststätten oder Freizeitparks: „Wie Sie zukünftig unter der Woche mehr Zeit mit Ihrer Familie verbringen können — bei gleichem Einkommen..."

4. Das Voicemail-System

Ein Voicemail-System (auch Profi-Anrufbeantworter genannt) bietet Dir faszinierende Möglichkeiten, Dein Geschäft einfach zu führen und rasend schnell aufzubauen. Der Name Voicemail-System klingt oft kompliziert und abschreckend. Ein Voicemail-System ist aber nichts anderes als ein flexibler Anrufbeantworter, der unterschiedlichen anrufenden Personenkreisen die richtige Bandansage hören lassen kann. Meist ist ein Voicemail-System im Handel schon deutlich unter 200 € erhältlich. Im Gegensatz zu amerikanischen Networkern, benutzen die deutschen Networker nur selten ein solches System, obwohl es eine Vielzahl von Vorteilen mit sich bringt.
Das Voicemail-System kann zur Motivation bereits bestehender Geschäftspartner oder zur Entgegennahme von Anrufen potentieller Interessenten genutzt werden.
Die Hauptansage des Voicemail-Systems kann beispielsweise lauten: „Hallo lieber Anrufer, schön, dass Sie anrufen: Wenn Sie aufgrund eines Flyers oder einer Visitenkarte anrufen, so drücken Sie bitte die Taste „1“ Ihres tonwahlfähigen Telefons. Falls Sie Zugang zum internen Bereich möchten, dann drücken Sie bitte die Taste „5“ und halten Sie Ihren Pin bereit.“
Unter der Box „5“ und unter der Box „1“ hast Du jetzt die Möglichkeit eine extra Ansage zu hinterlegen. Unter der Taste/Box „5“ könntest Du jetzt folgenden Text hinterlegen:

„Hallo liebe Geschäftspartner: Es gibt tolle neue Nachrichten im Bezug zu Ihrer Geschäftstätigkeit. Unter der Taste „1“ sind neue Produktnews zu hören und unter der Taste „5“ die aktuellen Änderungen im Provisionsplan.“
Damit der Funke Deiner Begeisterung auf Deine Geschäftspartner überspringen kann, solltest Du das Voicemail-System immer mit

einer motivierenden, freundlichen Stimme besprechen. Zudem kann Dir ein Voicemail-System richtig viel Zeit einsparen, wenn Du wichtige Informationen Deiner Upline oder Firma an Deine Downline weitergeben musst.

Kennst Du das auch? Du hattest mit Deiner Upline eine Führungskräfte-Sitzung aus der es einiges an Neuigkeiten zu berichten gibt. Jetzt rufen Dich Deine Geschäftspartner an oder Du rufst sie an, um Deine Neuigkeiten weiterzugeben. Jedem Geschäftspartner musst Du letztendlich dasselbe erzählen. Das kostet richtig viel Zeit.
In Zukunft könntest Du die Neuigkeiten auf Deinem VoiceMail-System hinterlegen. Deine Geschäftspartner könnten diese dann jederzeit automatisiert abrufen.
Internetprofis würden selbstverständlich Neuigkeiten auf ihrer Internetseite hinterlegen. Das ist in Ordnung. Parallel empfehle ich Dir trotzdem ein solches System zu nutzen, da durch Deine motivierende Stimme (mit äußerst kurzem Aufwand) mehr Begeisterung an Deine Downline weitergegeben werden kann.

Der Einsatz des Voicemail-Systems ist für jeden Networker-Typ interessant.

Das Voicemail-System eignet sich hervorragend als automatisierter Anrufbeantworter von ausgeteilten Flyern, Visitenkarten oder geschalteten Zeitungsanzeigen. Einen herkömmlichen Anrufbeantworter zu nutzen, macht aus meiner Sicht keinen Sinn, da die Aufnahmemöglichkeit für Ansagetexte zu kurz ist. Es legen einfach zu viele Menschen wieder auf. Durch das Voicemail-System haben die Anrufer jedoch die Chance sich anonym über die von Dir angebotene Geschäftsgelegenheit ausreichend zu informieren.
Weiterhin ist für einige Menschen der Griff zum Telefon immer noch schneller getan, als einen Computer anzuschalten.

Mit folgenden Ansagetexten konnten wir sehr gute Erfahrungen machen:

- „Hallo lieber Anrufer, sicherlich rufen Sie aufgrund einer Visitenkarte, Zeitungsanzeige oder eines erhaltenen Flyers an. Sie sind verbunden mit dem Voicemail der Fa. Göttler. Bitte drücken Sie an Ihrem tonwahlfähigen Telefon die Taste „3“! Wenn Sie in den internen Bereich möchten, dann drücken Sie bitte die Taste „1“...“

Ansagetext unter Taste „3“:

- „Den ersten Schritt zu Ihrem persönlichen Erfolg haben Sie gerade getan. Wir möchten in der Region auserwählten Personen die Chance geben, Teil einer neuen Entwicklung in Deutschland zu werden. Sie sollten mindestens älter als 22 Jahre sein und bereits einer ernsthaften Arbeitstätigkeit nachgehen.
  Wenn Sie zum einen noch glauben, dass Sie mehr aus Ihrem Leben machen könnten, als Tag ein und Tag aus die gleiche Tätigkeit für gleiches Geld zu verrichten und zum Anderen Neues als Chance sehen, dann sind Sie bei uns genau richtig.
  Sie bekommen von uns eine ernsthafte, seriöse und deutschlandweit einzigartige, nahezu konkurrenzlose Möglichkeit angeboten, die Ihnen
  die Chance gibt, sich nebenberuflich zu verwirklichen und sich ein zweites, ertragreiches Standbein aufzubauen.
  Deswegen sollten Sie mindestens 6 bis 12 Stunden in der Woche Zeit haben, um sich auf eine neue Tätigkeit konzentrieren zu können. Wir suchen keine Kapitalgeber – wir sind ein gesundes, grundsolides und finanzstarkes Unternehmen mit einer momentan einzigartigen Geschäftsidee.
  Wenn Sie mehr wissen wollen, sollten Sie uns Ihren Namen und Ihre Rückruf-Telefon-Nummer am Ende der Ansage

hinterlassen – Egal wie wir uns entscheiden, wir beantworten jeden Anruf!
Auch werden wir, nachdem wir Sie zurückgerufen haben, Ihre Bandansage sofort löschen und Ihre Daten nicht weiterbearbeiten.
Bitte teilen Sie uns jetzt Ihren Namen und Ihre Rückrufnummer mit, damit wir Sie in den nächsten Tagen persönlich kontaktieren können, um mehr über Sie zu erfahren. Dankeschön."

oder:

- „Den ersten Schritt zu Ihrem persönlichen Erfolg haben Sie bereits getan. Vier auserwählte Bewerber werden von uns die Chance erhalten zukünftig Ihr Einkommen durch eine von uns angebotene Nebentätigkeit um rund 200 - 500 € monatlich erhöhen zu können. Wenn Sie dafür in Frage kommen wollen, dann sollten Sie über 22 Jahre alt sein und pro Woche 5 – 10 Stunden Zeit und Lust auf Arbeit haben.
  Da Ihr Erscheinungsbild und Auftreten am Telefon mitentscheidet, ob Sie in die engere Auswahl kommen, haben Sie jetzt die Gelegenheit uns Ihren Namen und Ihre Rückruf-Telefon-Nummer zu hinterlassen. Egal wie wir uns entscheiden, wir beantworten jeden Anruf. Vertrauen Sie uns. Sie bewerben sich weder bei einer Firma, wo Sie zukünftig Produkte per Telefon verkaufen müssen, noch bei einer Firma die Ähnliches anstrebt. Auch werden wir nach dem wir Sie zurückgerufen haben, Ihre Bandansage sofort löschen und Ihre Daten nicht weiterbearbeiten. Bitte teilen Sie uns jetzt Ihren Namen und Ihre Rückrufnummer mit. Dankeschön."

oder:

- „Hallo lieber Anrufer Sie haben richtig gewählt und den ersten

Schritt zu Ihrem persönlichen Erfolg getan. Wenn Sie Teil einer neuen Entwicklung in Deutschland werden wollen, sind Sie bei uns genau richtig. Unser Unternehmen ist in der "xyz"-Branche tätig. Wir beraten unsere Kunden fachgerecht und kompetent mit einer einzigartigen Konzeption die unverwechselbar für Erfolg sorgt. Hierfür suchen wir Sie als Mitarbeiter in der Kundenberatung und im Geschäftsaufbau. Wenn Sie Neues als Chance sehen, sind Sie bei uns genau richtig. Wir bieten Ihnen, falls Sie branchenfremd sind, komplette Schulung und Betreuung, um Ihren Erfolg zu ermöglichen.
Als ersten Schritt hinterlassen Sie bitte nach dem Ton Ihren Namen und Ihre Telefon-Nummer. Einer unserer Mitarbeiter wird Sie anrufen und einen Termin für ein telefonisches Vorabinterview mit Ihnen vereinbaren. Wir freuen uns darauf, bald mit Ihnen Kontakt aufzunehmen.“

Anstatt den Anrufer aufzufordern, seine Kontaktdaten zu hinterlassen, wäre es auch möglich, eine zusätzliche Unterbox nach dieser Box zu schalten. Du könntest in dieser Unterbox dann mehrere Informationen zu Deiner Branche, zu den Verdienstzahlen und zu vielem mehr preisgeben und so den Anrufer für ein nächstes Gespräch bereits vorqualifizieren bzw. die wirklich interessierten Anrufer ausfiltern.

Der Alpha- und Beta-Typ kann die hinterlassenen Kontakte abarbeiten und telefonischen Erstkontakt mit dem Interessenten aufnehmen. Der Gamma-Typ könnte zunächst ein Infopaket oder eine Info-CD/DVD an die Interessenten verschicken.

5. Das Telefon

Für die meisten Networker ist das Telefon das wichtigste Arbeitsinstrument, das sie haben.
Es gibt zwei Arten das Telefon für Deinen Geschäftsaufbau zu benutzen: Wenn Du mit Ablehnung umgehen kannst, wirst Du es aktiv nutzen und gerne damit Leute kontaktieren. Wenn Du eher ein zurückhaltender Typ bist, wirst Du das Telefon eher passiv benutzen wollen. Unter „aktiv benutzen" verstehe ich: Du kontaktierst gerne neue potentielle Interessenten, die bisher keinen Bezug zu Dir hatten. Mit dem Wort „passiv" verbinde ich folgende Situation: Du wartest gerne auf Anrufe potenzieller und vorqualifizierter Interessenten.

Bevor ich zu den Einsatztechniken des Telefons komme, möchte ich Dir noch ein paar Tipps zum Thema Telefonieren geben:

Es macht Sinn, Dein Arbeits-Telefon an einem Platz zu positionieren, an dem Dir das Telefonieren Spaß macht. Beachte bitte: Dein Gesprächspartner kann Dich zwar am anderen Ende der Leitung nicht sehen, ist aber immer dabei, sich ein Bild von Dir zu machen. Dein am Telefonat vermitteltes Bild setzt sich aus Deiner Körperhaltung, Deiner Stimme und eventuellen Hintergrundgeräuschen zusammen.
Deswegen solltest Du, während Du telefonierst, immer lächeln. Damit Dir das leichter gelingt, kannst Du Dir einen Kosmetik-Spiegel neben Dein Telefon stellen. Er erinnert Dich dann immer daran, lächelnd und freundlich zu telefonieren.
Generell finde ich es äußerst wichtig, dass im Hintergrund keine Geräuschkulisse vorhanden ist. Da aber die meisten Networker von zu Hause aus arbeiten, ist das eher der seltenere Fall.
Der Fehler, den die meisten Networker an dieser Stelle machen, ist

während des Gesprächs nicht auf die Geräuschkulisse einzugehen und zu hoffen, dass der mögliche Interessent diese nicht wahrnimmt. Versetze Dich doch bitte selbst in die Lage Deines potentiellen Geschäftspartners. Du weißt ja nicht, wo Du anrufst bzw. wer Dich anruft. Wenn Dir die Person am anderen Ende der Leitung ein professionelles Geschäftsangebot machen möchte, gehst Du doch meistens davon aus, dass diese in einem Büro arbeitet, in dem keine Kinder im Hintergrund schreien oder ein Hund bellt.

Solltest Du diese Situation nicht vermeiden können, dann mache bitte das Beste daraus:

Dein Interessent ruft an, da er etwas in seinem Leben verändern möchte. Die meisten Menschen möchten für mehr Geld weniger arbeiten oder mehr Zeit mit ihrer Familie verbringen.

Steh zu den Hintergrundgeräuschen und erwähne, dass Du durch Deine Geschäftsgelegenheit gerne sehr viel Zeit mit Deiner Familie verbringst. Diese Aussage klingt dann zusammen mit dem schreienden Kinder und dem bellenden Hund im Hintergrund sehr glaubhaft und heitert Deine Gesprächssituation angenehm auf.

Die Technik für den Alpha- und Beta-Typ

Hinweis:

In wie weit der aktive Einsatz des Telefons mittlerweile gesetzlich erlaubt oder verboten ist, kann ich nicht beurteilen. Sollte die eine oder andere beschriebene Methode zum Führen von Telefonaten verboten sein, distanziere ich mich entsprechend und übernehme keinerlei Haftung für beschriebene Einsatztechniken.

1) Kontakte aus Internetseiten

Die Möglichkeiten des Internets sind grenzenlos. Heutzutage ist fast jedes Unternehmen im Internet vertreten. Mittlerweile gehört es zur Normalität, dass viele Unternehmen, ihre Mitarbeiter ebenfalls im Internet präsentieren. Es sind bei vielen Firmen die Durchwahlen und die Bilder (meist das Bewerbungsbild oder ein Gruppenfoto) vom einzelnen Mitarbeiter und seiner Abteilung zu finden.
Du kannst sofort Interessenten suchen und diese direkt anrufen. Folgender Gesprächsleitfaden zum Anrufen ist dazu hilfreich:

- „Meier, Guten Tag. Herr Schmidt, mein heutiger Anruf bei Ihnen wird etwas ungewöhnlich sein und hat einen besonderen Grund. Zunächst einmal müsste ich wissen, ob Sie im Moment ohne Anwesenheit von Arbeitskollegen oder Kundschaft frei sprechen können?"

(Antwort:)
- „Ja, um was geht es?"

- „Nein"
„Herr Schmidt, könnte ich dann Ihre Handy-Nummer haben, dann würde ich Sie nach Ihrer Arbeitszeit noch einmal anrufen?"

bei Ja:

- „Es geht um Ihre berufliche Zukunft. Herr Schmidt ich bin als „xyz" (Stufe Ihres Networkplans) für eine große Gesellschaft tätig und damit beauftragt unsere Vertriebsstruktur zu vergrößern. Hier gibt es noch einige gut dotierte Positionen zu besetzen."

(kurze Pause)

- „Sind Sie generell ein Mensch der beruflich weiterkommen möchte?”

  (Antwort abwarten)

- „Herr Schmidt, eventuell habe ich da eine Möglichkeit für Sie! Sie sind jetzt momentan als “xyz” tätig ist das richtig?“

Beim Einwand: „Was haben Sie mir anzubieten?“

„Herr Schmidt, Diskretion ist in meinem Beruf genauso wichtig wie in Ihrem, bitte haben Sie Verständnis dafür, wenn ich Ihnen das jetzt nicht am Telefon Ihres Arbeitgebers erzähle möchte. Zumal ich Sie erst einmal persönlich kennen will, um abschätzen zu können, in wie weit Sie überhaupt zu uns passen.“

(kurze Pause)

„Wenn Sie möchten, könnte ich Ihnen aber einen Link zu unserer Internetseite per E-Mail zuschicken, dann können Sie sich vorab informieren?“

„Wie lautet Ihre E-Mail Adresse?“

ohne Einwand:

- „Herr Schmidt ich hätte nächste Woche am Montag um 17 Uhr oder am Mittwoch um 19 Uhr Zeit, Sie zu einem Informationsgespräch einzuladen. Wann passt es Ihnen besser?" (Austausch der Telefon-Nummern nicht vergessen)

Dieses Gespräch erfordert etwas Übung, da Du Dich zum einen feinfühlig, zum anderen souverän und etwas überlegen (aber nicht arrogant) präsentieren musst. Dein Ziel sollte es immer sein, einen Termin für ein persönliches Informationsgespräch zu vereinbaren. Sollte das nicht möglich sein, dann wäre das nächste Ziel vom Gesprächspartner seine private Telefon-Nummer bzw. Handy-Nummer zu bekommen. Blockt dieser wieder ab, dann solltest Du nach seiner E-Mail Adresse fragen, um Ihm einen Link zu einer Internetseite schicken zu können. Weiterhin ist es wichtig beim Erst-Telefonat nicht zuviel zu erzählen. Du musst immer eine gewisse Spannung aufrechterhalten. Da Dein Interessent immer wissen will, wer Ihn anruft, versetzt Dich dieses Gespräch in die Lage, jedes Kontaktgespräch für Dich positiv zu beenden.
Im schlechtesten Fall schickst Du Deinem Interessenten eine E-Mail mit näheren Informationen zu Deiner Geschäftsgelegenheit zu.

2) Weitere Möglichkeiten für neue Kontaktgespräche

Neben dem Internet gibt es noch eine Vielzahl von anderen Möglichkeiten, um zu neuen Kontakten zu kommen. Dazu könntest Du Firmen, deren Mitarbeiter zu Deiner Zielgruppe passen, sozusagen ausspionieren. Das kannst Du in der Firma vor Ort oder telefonisch machen. Es ist nur wichtig, Dir vorher Gedanken zu machen, wen Du in der Firma anrufen möchtest und warum Du anrufst.
Zu 99% wirst Du erst mit der freundlichen Mitarbeiterin der Firmenzentrale verbunden sein. Es ist wichtig jene Mitarbeiterin zur Hilfe anzuregen, damit Du möglichst viele Kontakte bekommst.

Folgende Situationen sind beispielsweise möglich:

Anruf im Autohaus — Du bist mit der Mitarbeiterin Schmidt aus der Zentrale verbunden:

- „Guten Tag, mein Name ist Meier. Frau Schmidt, ich habe ein Problem und bin wahrscheinlich jetzt auf Ihre Hilfe angewiesen."

(Antwort meistens: „Worum geht es? oder wie kann ich Ihnen weiterhelfen?")

- „Ich war letzte Woche bei Ihnen und habe mich über ein Auto (Modell und Typ nennen) informiert. Es bediente mich ein junger, aufgeschlossener Verkäufer. Er war um die 30 Jahre alt, ich habe leider seinen Namen vergessen — wenn ich den Namen höre, weiß ich bestimmt wer es war. Bitte helfen Sie mir, wer könnte das gewesen sein?"

(Antwort: „Das war bestimmt der Herr Huber")

- „Hmmh...Frau Schmidt, so hat der Name leider nicht geklungen. Gibt es noch einen anderen Mitarbeiter um die 30 Jahre?"

(Antwort: „Eigentlich nicht, es gibt noch einen jüngeren Mitarbeiter, den Herrn Reicher und einen älteren Mitarbeiter, den Herrn Boller")

(Natürlich notierst Du Dir diese Namen mit.)

- „Schade, jetzt weiß ich auch nicht mehr weiter. Am besten ist es, ich komme nocheinmal vorbei. Danke für Ihre Mithilfe und noch einen schönen Tag."

Mit diesem äußerst kurzen Gespräch konntest Du jetzt schon drei Namen von berufserfahrenen Verkäufern erhalten.

Eine weitere Situation:

Anruf im Einzelhandel — Elektromarkt

(Anmerkung: Es sind mit einem einzigen Telefonat ohne weiteres mehr als 10 Kontakte möglich) — Du bist mit der Mitarbeiterin Schmidt aus der Zentrale verbunden:

- „Guten Tag, mein Name ist Meier. Frau Schmidt, ich habe ein Problem und bin jetzt wahrscheinlich auf Ihre Hilfe angewiesen."

(Antwort meistens: „Worum geht es? oder wie kann ich Ihnen weiterhelfen?")

- „Ich war letzte Woche bei Ihnen und habe mich über einen Computer informiert. Da hat mich ein junger netter Mitarbeiter bedient. Ich hätte dazu noch eine Frage — ich weiß aber leider den Namen nicht mehr?"

(Antwort meistens: „Warten Sie, ich verbinde Sie einfach in die Computer-Abteilung.")

Nach dem Verbinden hörst Du folgende Stimme:

„Huber Computerabteilung, guten Tag." (Dein erster Name)

- „Guten Tag. Herr Huber, ich bin jetzt auf Ihre Hilfe angewiesen, ich war letzte Woche bei Euch und habe mich wegen eines Computers mit einem Mitarbeiter unterhalten, den ich gerne noch einmal sprechen möchte, bevor ich Ihnen jetzt alles erkläre. Leider habe ich den Namen vergessen. Er war jung, so um die 30 Jahre alt, mittelgroß und hatte — glaube ich — eine hellere Haarfarbe (einen unsicheren Eindruck am Telefon machen). Wenn ich den Name wieder höre, weiß ich wahrscheinlich wer es war."

(Antwort meistens: „Ich weiß nicht genau wen Sie meinen, aber bei uns arbeitet ein Herr Müller, ein Herr Schubert und ein Herr Lehmke")

Du notierst Dir die nächsten drei Namen.

- „Nein, ich glaube nicht, dass er so geheißen hat. Bin mir aber nicht sicher. Arbeitet sonst noch jemand in der Abteilung?"

(Antwort meistens: „Eigentlich nicht, außer dem Abteilungsleiter, das ist der Herr Hubkin.")

Das war Dein fünfter Name.

- „Schade, wissen Sie was, wir machen das so, ich komme einfach in den nächsten Tagen nocheinmal vorbei und informiere mich persönlich. Jetzt hätte ich aber noch eine Bitte an Sie: Ich bräuchte noch jemanden aus der Hifi-Abteilung zu sprechen."

(Antwort: „Kein Problem. Ich verbinde Sie.")

„Hifi Abteilung, Hase guten Tag." (Dein sechster Name)

- „Hallo Herr Hase, ich war letzte Woche da und habe mich wegen

„xyz“ informiert, da hat mich ein junger aufgeschlossener Mann beraten. Sie waren es vom Namen her leider nicht. Ich habe aber keine Lust, Ihnen das jetzt alles zu erzählen. Wenn Sie mir helfen könnten, wäre ich Ihnen sehr dankbar. Er war noch etwas jung, hatte dunkle Haare und war sehr kompetent. Wer könnte das gewesen sein?“

(Antwort: „Da haben wir noch den Herrn Zeh und den Herr Mute.“)

Dein siebter und achter Name, welchen Du Dir notieren kannst...Jetzt könnte das Gespräch wieder von vorne losgehen und Du könntest Dich weiter verbinden lassen...

Das ist spannend, oder? Beim späteren Kontaktieren der einzelnen Personen sind meiner Meinung nach noch einige Sachen zu beachten. Es ist wichtig, dass Dein Anruf etwas erkaltet. Du solltest rund zwei Wochen abwarten und dann entweder (bei Sympathie) einen bereits am Telefon gewesenen Gesprächspartner kontaktieren oder einen Namen aus Deiner Liste anrufen. Sponserst Du später die Person, kannst Du mit ihr alle anderen Namen in seiner Empfehlungsliste abarbeiten. Kommt es mit Deinem Kontakt zu keinem positiven Ende, macht es Sinn rund 1 - 2 Monate zu warten bis Du den nächsten Mitarbeiter aus der Abteilung anrufst, da Mitarbeiter ihren Kollegen oftmals über Deinen Anruf berichten.

Zum späteren Kontaktieren der Mitarbeiter kannst Du ähnlich dem Gesprächsleitfaden des Autohausbeispiels anrufen:

- „Meier, guten Tag. Herr Schmidt, mein heutiger Anruf bei Ihnen wird etwas ungewöhnlich sein und hat einen besonderen Grund. Zunächst einmal müsste ich wissen, ob Sie im Moment ohne Anwesenheit von Arbeitskollegen oder Kundschaft einigermaßen frei sprechen können?“

Antwort: „Ja, um was geht es?“

„Nein“

„Herr Schmidt, könnte ich dann Ihre Handy-Nummer haben, ich würde Sie nach Ihrer Arbeitszeit noch einmal anrufen?“

bei Ja:

- „Sie sind mir als aufgeschlossener, ehrgeiziger Mitarbeiter genannt worden. Herr Schmidt ich bin als „xyz“ für eine große Gesellschaft tätig und damit beauftragt unsere Vertriebsstruktur zu vergrößern. Hier gibt es noch einige gut dotierte Positionen zu besetzen.“

  (kurze Pause)

- „Sind Sie generell ein Mensch der beruflich weiterkommen möchte?”

- „Herr Schmidt, eventuell habe ich da eine Möglichkeit für Sie! Sie sind jetzt momentan als “xyz” tätig ist das richtig?“

Beim Einwand: „Was haben Sie mir anzubieten?“

„Herr Schmidt, Diskretion ist in meinem Beruf genauso wichtig wie in Ihrem, bitte haben Sie Verständnis dafür, wenn ich Ihnen das jetzt nicht am Telefon Ihres Arbeitgebers erzähle möchte. Zumal ich Sie erst einmal persönlich kennen will, um abschätzen zu können, in wie weit Sie überhaupt zu uns passen."

(kurze Pause)

„Wenn Sie aber möchten, könnte ich Ihnen aber einen Link zu unserer Internetseite per E-Mail zuschicken, dann können Sie sich vorab informieren? Wie lautet Ihre E-Mail Adresse?"

ohne Einwand:

- „Herr Schmidt, ich hätte nächste Woche am Montag um 17 Uhr oder am Mittwoch um 19 Uhr Zeit, Sie zu einem Informationsgespräch einzuladen. Wann passt es Ihnen besser?" (Austausch der Telefon-Nummern nicht vergessen)

Bist Du unterwegs (zum Einkaufen etc.) kannst Du ebenfalls mit einer Leichtigkeit ständig zu neuen Kontakten kommen. Sicherlich ist Dir schon oft aufgefallen, dass die meisten Mitarbeiter von Einkaufsmärkten und dergleichen Namensschilder benutzen. Wenn Du einen Namen siehst, kannst Du diesen ja leicht in Dein Handy einspeichern. Weiterhin haben einige Firmen eine Übersicht mit Foto und Namen über ihre Abteilungen und Mitarbeiter am Eingang ausgehängt. Du brauchst lediglich noch die Namen der Dir sympathischsten „Bilder" abzuschreiben oder in Dein Handy einzutippen.

3) Kontakte zu Gewerbetreibenden oder selbständigen Nebenberuflern

In vielen Ladengeschäften und Zeitungsanzeigen findest Du oft Werbung von folgenden Geschäftsleuten:

- Nagelstudioinhaber
- mobile Friseure
- Sportkursveranstalter
- Hausmeister
- Gärtner
- Grafiker/Mediengestalter
- PC-Doktoren u.v.m.

Diese Menschen haben alle eins gemeinsam. Sie wollen sich den Traum der Selbständigkeit verwirklichen und sind bereits hauptberuflich selbständig oder zumindest im Nebenberuf. Als selbständige „Kleingewerbetreibende" ist dieser Personenkreis in der Regel für neue Geschäftsgelegenheiten äußerst offen.

Mastertipp:
Wenn Du einmal keine Lust darauf hast, wie ein Akrobat am Telefon zu argumentieren, um neue Sponsorgespräche zu vereinbaren, dann kannst Du die Methode „der dritten Person" einsetzen. Dadurch konnte ich sehr gut mit Ablehnung umgehen, die Verantwortung des Telefongespräches abgeben und musste mich nicht auf Diskussionen einlassen. Die Anwendung ist ganz einfach. Du erklärst Deinem Gesprächspartner am Telefon, dass Dich Dein Chef beauftragt hat einen Termin mit diesem auszumachen. Wenn Fragen oder Einwände Deines Gesprächspartners kommen, kannst Du diese ganz leicht abschmettern, in dem Du ihm sagst, dass das alles Dein Chef weiß, dieser aber im Moment nicht da ist.
Eins musst Du jedoch beachten: Zum Sponsorgespräch sollte dann auch wirklich ein Partner Deiner Upline (als Chef) anwesend sein und das Sponsorgespräch für Dich weitestgehend führen. Sonst machst Du Dich unglaubhaft. Probiere es einfach aus, es funktioniert wunderbar!

Die Technik für den Gamma-Typ

Um das Telefon für passive Telefonate zu nutzen, musst Du vorher entsprechend etwas Geld in Werbung investieren. Genügend Anrufe erreichst Du durch effektive Zeitungsanzeigen (mehr dazu etwas später), Flyerwerbung oder durch Werbung im Internet. Wie das im Einzelnen funktioniert, beantwortet Dir ja bereits mein Buch. Deswegen gehe ich in diesem Abschnitt insbesondere darauf ein, wie Du ein Telefonat professionell als Chancengeber einer Geschäftsgelegenheit führen solltest.

War Deine Werbung außerordentlich gut, werden Dich nur Leute anrufen, die mehr Geld verdienen möchten oder auf eine gewinnbringende Geschäftsgelegenheit hoffen. Oftmals will der Anrufer gleich am Telefon wissen, worum es geht und die Führung des Telefonats übernehmen.
Eine alte, oft vergessene Grundregel beim Telefonieren lautet: Wer fragt der führt.
Deswegen rate ich Dir den Anrufer nach Entgegennahme des Telefonats kurz zu stoppen und ihm seinen Namen noch einmal wiederholen zu lassen. Jetzt kannst Du Dir seinen Namen erst einmal notieren und bringst etwas Ruhe ins Gespräch, die aber meistens sofort wieder vorbei ist:
Dein Gesprächspartner fragt Dich gewöhnlich sehr voreilig, worum es denn geht. Ich antworte dann folgendermaßen:

- „Wir haben an qualifizierten Menschen ein Zweiteinkommen zu vergeben. Rufen Sie aufgrund der Zeitungsanzeige oder aufgrund der Internetwerbung an?“

Durch diese Frage übernimmst Du wieder die Gesprächsführung, die jetzt bei Dir, aufgrund der nächsten Frage, bleiben sollte:

- „Bevor ich Ihnen gleich Details erzähle, müsste ich noch kurz

wissen, wo Sie wohnen und ob Sie einen Führerschein haben?"
(Antwort abwarten)

- „Was machen Sie beruflich und wie alt sind Sie"

Durch diese Fragen behältst Du weiter die Führung und hast jetzt schon einige Informationen von Deinem Anrufer einsammeln können. Diese kannst Du wunderbar zur weiteren Terminvereinbarung für ein Sponsorgespräch einsetzen.
Dabei gehst Du auf die vom Anrufer bekommenen persönlichen Daten kurz ein und baust eine Brücke zu den Chancen Deiner MLM-Gelegenheit.

6. Der heiße Satz

Wie würde die Beschreibung Deiner MLM-Tätigkeit in einem Satz lauten?
Die wenigsten Networker können auf diese Frage eine spontane Antwort geben und überlegen an dieser Stelle einfach zu lange.
Ich werde Dir ein paar Ansatzpunkte für Deinen eigenen heißen Satz liefern.
Sicherlich kannst Du Dir vorstellen, dass wenn Du einen Menschen kennen lernst oder einen Bekannten triffst, den Du schon lange nicht mehr gesehen hast, oftmals die Frage nach dem Beruf kommt — frei nach dem Motto: „Was machst Du eigentlich im Moment?"
So wie der Gesprächspartner auf diese Frage spontan antworten kann, in dem er Dir seinen Beruf nennt, genauso spontan solltest Du Deine Antwort parat haben, sonst wirkst Du zu unsicher und unterworfen.
Hast Du aber, wie aus der Pistole geschossen, einen heißen Satz parat, der ausnahmslos Interesse weckt, so bist Du sofort mit Deiner Geschäftstätigkeit im Gespräch.
Dein Satz sollte so selbstverständlich wie möglich genannt werden und Interesse nach mehr Informationen wecken.

Ein heißer Satz könnte beispielsweise lauten:

- „Ich hatte es satt meinem Chef dabei zuzusehen, wie er sich jährlich ein neues Auto kauft, während er mein Weihnachtsgeld und mein Urlaubsgeld gekürzt hat. Deswegen habe ich mich dazu entschieden eine eigene Existenz in der Textilbranche, Pharmaindustrie (wo auch immer Sie tätig sind) aufzubauen."

- „Ich habe bei einem Pharmaunternehmen eine tolle Chance

wahrgenommen, die es mir ermöglicht ohne finanziellem Risiko eine eigene Existenz aufzubauen."

- „Ich hatte es satt ständig Überstunden im Angestelltenverhältnis für meinen Chef zu schieben. Deswegen habe ich beschlossen, mich nebenbei selbständig zu machen. Ich kann es schon gar nicht erwarten in einem halben Jahr endlich viel Zeit für meine Familie bei gleichzeitig höherem Einkommen zu haben."

- „Momentan befinde ich mich im Aufbau einer eigenen Existenz, damit ich endlich die Tretmühle des Arbeitsalltags verlassen kann."

Die Profis werfen diesen Satz jetzt vermeintlich "seufzend" und dennoch anerkennend lächelnd hinterher:

- „Bei Dir dürfte das alles ja kein Problem sein, da ich glaube, dass Dir dein Job als „xyz" (den Namen seines Berufs nennen) bereits richtig viel Anerkennung und ein hohes Einkommen bringt."

Mit sehr großer Wahrscheinlichkeit wird jetzt Dein Gesprächspartner die von Dir „beschönigte Lebenssituation" anders darstellen.

Es ist ein Phänomen: Menschen antworten in einem Gespräch meistens das Gegenteil von dem, was Du gerade gesprochen hast.

Du kannst so einen Gesprächsverlauf jederzeit testen. Damit Du mich besser verstehst, möchte ich Dir ein Beispiel dazu erzählen:

Lass uns annehmen, dass Du auf einer Geburtstagsfeier bei

Deinem Freund Thomas eingeladen bist. Auf dieser Geburtstagsfeier triffst Du auf bekannte Personen, die Du schon eine halbe Ewigkeit nicht mehr gesehen hast.
Eine der Personen, zu der Du schon länger nicht mehr Kontakt hattest, ist Simone. Simone erzählt Dir stolz, dass sie seit über zwei Jahren als ausgebildete Krankenschwester tätig ist und dass die Arbeit etwas stressig, aber ganz gut sei.
Nachdem sie Dir das gesagt hat, antwortest Du jetzt folgendes zu ihr: „Da hast Du Dir aber eine stressige und nervenaufreibende Arbeit ausgesucht. Wenn ich mir das so vorstelle, ist Deine Arbeit bestimmt anstrengend. Um Deine Patienten richtig zu pflegen, musst Du bestimmt körperlich schwer arbeiten und ein freies Wochenende wirst Du wegen der Schichtarbeit kaum haben, oder?“ Was glaubst Du, wird Simone jetzt antworten?
Sie erzählt Dir, dass es gar nicht so schlimm ist und dass Sie es toll findet ab und zu am Wochenende zu arbeiten, da Sie dafür freie Tage unter der Woche hat und Schichtarbeit generell gut ist, weil Sie zu unterschiedlichen Zeiten frei hat u.v.m.

Etwas später triffst du Mark. Mark erzählt Dir, dass er die Position des Verkaufsleiters in seinem Unternehmen übernommen hat. Du entgegnest folgendes: „Das ist ja Klasse. Du hast jetzt mit Sicherheit wesentlich mehr Gehalt im Monat zu Verfügung und verdienst wahrscheinlich richtig gut. Als Verkaufsleiter kannst Du bestimmt in Gleitzeit arbeiten oder Deine Arbeitszeit sogar frei einteilen und ich wette mit Dir, Du kommst jetzt immer früher zu Deiner Familie nach Hause. Du hast es echt gut.“
Was wird Dir Mark jetzt wohl erzählen?
Er wird Dir mit einer sehr hohen Wahrscheinlichkeit antworten, dass er nicht so viel Geld bekommt wie er sich erhofft hatte und dass er in der Tat genauso viel arbeitet wie vorher, wenn nicht sogar mehr. Insgesamt hat er das Gefühl, dass sein Job sehr stressig ist.

Das ist jetzt die beste Chance um mit Deiner MLM-Gelegenheit ins Gespräch zu kommen.

Hast Du gemerkt worauf ich hinaus wollte?
Probiere es einfach selbst aus und Du wirst feststellen, dass Dir Menschen fast immer eine gegenteilige Antwort geben.

Mit diesem Wissen schaffst Du es jetzt, fast immer aus Gesprächen heraus, Dein Networkgeschäft positiv ins Spiel zu bringen. Du musst lediglich die berufliche Situation Deines Gesprächspartners als äußerst angenehm darstellen, dann wird Dir dieser mit einer gegenteiligen Antwort dazu helfen, Deine Geschäftsgelegenheit positiv ins Spiel zu bringen.

Neben einem heißen Satz, ist es auch wichtig, eine eigene Geschichte parat zu haben. Damit meine ich, dass Du jederzeit in der Lage sein solltest, über Deine Geschäftsgelegenheit zu reden. Du solltest immer erzählen können, wie Du selbst zu Deinem Geschäft gekommen bist und was Du damit erreichen willst bzw. noch besser: was Du bereits erreicht hast. In Deiner Geschichte sollten selbstverständlich Deine eigenen Beweggründe genannt werden, die dazu geführt haben, dass Du Dich Deiner Network-Firma angeschlossen hast.
Beachte aber, dass Du bei jedem Gespräch mit einem neuen potentiellen Interessenten nicht mehr reden solltest als Dein Interessent. Deine eigenen Beweggründe könnten Deinen Interessenten den einen oder anderen Anreiz dazu bieten, selbst über sein Leben und seinen Beruf nachzudenken.
Viel wichtiger ist es aber, durch „W-Fragen“ Deinen Interessenten so viel wie möglich erzählen zu lassen, damit Du seinen eigenen Beweggrund bzw. seine eigenen Beweggründe erfahren kannst. Finde heraus, was er wirklich will und zeige ihm wie er es zusammen mit Dir erreichen kann.

7. Die Zeitungsanzeige

Zeitungsanzeigen sind das heikelste Werkzeug, das Networker benutzen, um eine Downline aufzubauen. Ich weiß nicht wie es Dir geht, aber ich habe schon oft feststellen können, dass viele Networker kurz vor Anzeigenannahmeschluss der Zeitung einfach schnell irgendeine Anzeige aufgeben.
Die Rücklaufquoten solcher spontanen Aktionen sind meistens sehr gering, da die Zeitungsanzeigen weder getestet noch auf ihren Sinn geprüft wurden. Noch tragischer ist es, dass die meisten Zeitungsanzeigen richtig Geld kosten. Wie und wo Du Zeitungsanzeigen richtig einsetzt, dazu erzähle ich Dir gleich mehr.

Bevor Du eine Zeitungsanzeige schaltest, solltest Du Dir über folgende Punkte im Klaren sein:

• die Kosten

• die Gestaltung

• der Inhalt

Es ist wichtig, sich ein monatliches Budget für Zeitungsanzeigen zu setzen. Dieses Budget sollte für zwei bis vier Zeitungsanzeigen ausreichend sein. Dein Budget entscheidet dann, über die Größe der einzelnen Zeitungsanzeigen. Es ist ein Irrtum vieler Networker, wenn sie denken, dass sie eine möglichst große Anzeige schalten müssen, um wahrgenommen zu werden. Ebenso ist es ein Irrtum, zu denken, im Fließtext am erfolgreichsten und am günstigsten werben können. Ich schmunzle gerne immer wieder bei Durchsicht der Fließtextanzeigen, wenn dort eine äußerst lukrative und erfolgreiche Geschäftstätigkeit für 3,50 € beworben wird.

Frei nach dem Motto: „Millionärs-Lehrlinge gesucht – aber ich hatte nicht mehr Geld für diese Zeitungsanzeige“
Verstehe das bitte nicht falsch, es spricht nichts dagegen, im Fließtext einer Zeitung zu werben. Jedoch sollte der Inhalt immer zur Anzeige passen.
Eine sinnvolle Fließtextanzeige, die vom Text genauso kurz ist, wie die vielen anderen Fließtextanzeigen, die abgedruckt werden, sollte aber nicht von einer Millionenchance sprechen — sondern beispielsweise lauten: „Wie Sie sich ohne finanzielles Risiko ein zweites Standbein zu Ihrem jetzigen Beruf aufbauen können, nähere Informationen unter Telefonnummer: 1234567890.“

Kommen wir nun zur Gestaltung:
Dazu solltest Du Dir die Zeitungsexemplare der letzten Wochen genauer ansehen. Je nach dem, wo Du werben willst (auf der Titelseite, im Stellenmarkt oder im Kleinanzeigenmarkt), ist es wichtig, dass Deine Zeitungsanzeige durch ein einzigartiges Design hervorsticht. Die Größe einer Zeitungsanzeige finde ich nicht so wichtig wie das Design. Du kannst ohne weiteres eine kleine Anzeige so gut gestalten, dass diese sich deutlich von den anderen Anzeigen abhebt.
Zum Testen empfiehlt es sich die Zeitungsanzeige, die Du schalten möchtest, auszudrucken und zwischen den anderen Zeitungsanzeigen Deiner Zeitung zu kleben. So kannst Du beurteilen, ob Deine Zeitungsanzeige hervorstechen wird oder so aussieht wie die anderen. Wenn Du ganz auf Nummer sicher gehen willst, empfiehlt es sich, die Zeitungsseite mit der aufgeklebten Anzeige zu kopieren und neutralen Personen zur Ansicht zu geben. Wird überwiegend Deine Zeitungsanzeige als die hervorstechende Zeitungsanzeige auserwählt, so kannst Du davon ausgehen, dass Deine Anzeige, den anderen Zeitungslesern auffallen wird.
Bitte lasse Dich aber nicht mit „Nicht-MLMlern“ auf eine inhaltliche Diskussion ein.

Meistens macht es Sinn, Deine Upline zu kontaktieren. Sie kann Dir sagen, wer bereits in Deiner Firma erfolgreich mit Anzeigen wirbt. Wenn Du Glück hast, kannst Du dadurch den einen oder anderen sehr gut funktionierenden Text ergattern.

Mastertipp:
Die meisten Networker werben in den Stellenanzeigen. Deswegen konkurriert Deine Zeitungsanzeige oftmals mit Zeitungsanzeigen anderer Networker.
Es empfiehlt sich, Deine Anzeige beispielsweise oben rechts oder oben links auf der Titelseite abdrucken zu lassen. Aus Kostengründen solltest Du dies aber nur bei Zeitungen mit kleineren Auflagen in Erwägung ziehen.
Weiterhin kannst Du auch unter der Rubrik
„Mini-, Trödelmarkt“ oder „zu verkaufen“ oder „zu verschenken“ kreativ werben. Beispielsweise mit folgendem Text:
- „Geschäftsidee zu verschenken. Nutze unsere Geschäftsidee zum Geldverdienen.“
oder
- „Lizenz für eine erfolgreiche Geschäftspartnerschaft zu verkaufen unter Telefon-Nr. 12345.“

8. Die allgemeine Werbung

Zur Thematik „allgemeine Werbung“ gibt es oft nur zwei Extremfälle unter den Networkern. Entweder bekleben sie alles mit Werbung aller möglichen Art oder lehnen dies kategorisch ab. Meistens sind die Networker, die extrem viele Dinge mit Werbung bedrucken, so sehr vom Geschäft begeistert, dass sie sich der ganzen Welt mitteilen wollen.
Die Networker, die Werbung kategorisch ablehnen, haben meistens noch ein Imageproblem mit ihrer Tätigkeit und wollen unerkannt und seriös bleiben.

Generell bietet Dir jede Art von Werbung ausgezeichnete Chancen über Deine Geschäftstätigkeit zu sprechen. Du solltest nur eins beachten: Der Inhalt und die Größe der Werbung sollte immer zur Werbefläche passen. Es macht keinen Sinn auf ein 14 Jahre altes Auto die Heckscheibe mit folgendem Text zu beschriften: „Wie Sie in drei Jahren Millionär werden können.“ Verstehst Du was ich meine? Das wäre der richtige Text für einen modernen Sportwagen. Ja ich weiß, es gibt viele Menschen, die alte Autos fahren und Millionen von Euros besitzen. Aber was denken wohl die meisten Menschen, wenn jemand mit einem alten Auto und gerade eben beschriebenen Werbetext angefahren kommt?
Es wirkt einfach nicht authentisch. Trotzdem kannst Du, sofern es Deine Network-Firma zulässt, deren Firmenlogo zusammen mit Deinem Namen und Deiner Telefonnummer in gemäßigter Größe auf Deinem Fahrzeug platzieren.
Wie gesagt, wenn Werbeflächen und Inhalt der Werbung zusammenpassen, spricht nichts gegen Werbung. Dabei kannst Du grenzenlos kreativ sein. Wenn Dich Dein Nachbar nach einiger Zeit aus Neugierde auf Dein Geschäft anspricht, weil er Deine Werbung gesehen hat, war es doch schon gewinnbringend. Hier ein

paar kreative Beispiele:

- anstatt des berühmten Werbeaufklebers auf Dein Auto, gibt es mittlerweile die Möglichkeit Magnete an Dein Auto anzubringen. Diese haben den Vorteil, dass Du sie jederzeit wieder abmachen kannst.

- Bierdeckel in Gaststätten und Restaurants:
  Die meisten Wirte benötigen in einem Jahr öfters Bierdeckel. Dich kosten in der Regel 100 Bierdeckel zwischen 15 € und 30 €. Frage alle Wirte (vorzugsweise die, bei denen öfters Familien zum Essen gehen) in Deiner Region, ob sie welche benötigen und welchen Inhalt Du verwenden darfst. Vielleicht kannst Du den Wirt selbst als Networker einschreiben und ihm die Kosten der Werbung übernehmen lassen. Das sollte aber nicht das vorrangige Ziel sein.
  Wichtig ist, dass Dein Bierdeckel sich deutlich von der Gestaltung der anderen Bierdeckel abhebt. Beispielsweise könntest Du einen blauen oder roten Bierdeckel verwenden. Du könntest den Bierdeckel auch weiß lassen und nur eine Schlagzeile darauf schreiben. Auf der Rückseite erwähnst Du dann Dein Voicemail und Deine Internetadresse.
  Ein weiterer Vorteil eines Bierdeckels ist, dass er von einem Interessenten ohne großes Fragen nach Hause mitgenommen werden kann.

- Feuerzeug und Kugelschreiber. Damit kannst Du zwar keine Massen anwerben, aber wie oft bist Du schon nach einem Feuerzeug oder einem Kugelschreiber gefragt worden?

Mastertipp:
Du könntest bei Deinen Werbemaßnahmen eine Telefon-Nummer angeben, die 24 h erreichbar und wenn möglich für den Anrufer kostenlos ist. Wenn jemand anruft, lässt Du den Anruf auf Dein Voicemail-System umleiten. Hier kannst Du einen Info-Ansagetext über Deine Geschäftsgelegenheit oder über die Einsatzmöglichkeiten Deiner Produkte hinterlegen.

9. Dein Umfeld außerhalb Deiner Namensliste

Dein jetziges Umfeld — egal ob es Bekannte oder Fremde sind, bietet Dir eine hervorragende Chance für neue Geschäftspartner. Die meisten klassischen Networker arbeiten noch heute mit einer Namensliste und bringen das Arbeiten mit der Namensliste ihren neuen Einsteigern als Erstes bei. Leider aber nicht mehr...Es ist wichtig dem neuen Geschäftspartner, nachdem er die Namensliste abgearbeitet hat, mit neuen Taktiken zur Anwerbung neuer Geschäftspartner vertraut zu machen.

Wenn Deine Namensliste erschöpft ist, macht es Sinn, nicht sofort in die Welt der „Kaltkontakte" einzusteigen, sondern eher im nahen oder fremden Umfeld weiterzuarbeiten.

Hier gibt es mehrere unterschiedliche Möglichkeiten. Während der Abarbeitung der Namensliste werden aus dem persönlichen Umfeld bereits neue Kunden und Geschäftspartner gewonnen. Ist Deine Namensliste sozusagen aufgebraucht, empfiehlt es sich für Neukontakte Deine bereits bestehenden, begeisterten Kunden noch einmal zu besuchen, um bei diesen nach neuen Kontakten zu fragen. Ziel des Kundenbesuchs ist es, Empfehlungen zu neuen Geschäftspartnern oder zu neuen Kunden zu erhalten. Weiterhin kannst Du spielend leicht in Deinem fremden Umfeld an neue Kontakte kommen.

Mit „fremden Umfeld" bezeichne ich die Menschen, zu denen Du keinen Kontakt pflegst, aber vom „Sehen her" kennst.

Diese könnten sein: der nette Kassierer oder die immer freundliche Kassiererin an Deiner Stammtankstelle, der freundliche Postbote, die nette Bankangestellte, der freundliche Bademeister, Dein Fußballtrainer oder die nette Supermarkt-Angestellte.

Es ist am besten, diese Menschen nicht sofort auf die von Dir angebotene Geschäftsgelegenheit anzusprechen, sondern

„vorbeizurekrutieren".
Damit Du keinen vergisst, solltest Du Dir eine Namensliste erstellen. Natürlich kennst Du nicht jeden Menschen mit seinem Namen, aber Du kannst zumindest in Deiner Liste diese Personen beschreiben. Diese Liste solltest Du natürlich stets vervollständigen, wenn Dir neue Personen einfallen und jede Person Schritt für Schritt kontaktieren.

Die Techniken für den Alpha- und Beta-Typ

Im fremden Umfeld gibt es meiner Meinung nach nur eine Methode, diese Menschen anzusprechen. Diese Methode ist vor allem für den Networker geeignet, der gerne mit Menschen spricht.

Ein Beispiel:
Dein Postbote klingelt an der Haustür, um ein Paket abzugeben. Er begrüßt Dich wie immer mit seinem freundlichen Lächeln. Du erwiderst dieses freundliche Lächeln und fragst ihn wie es ihm heute geht. Wichtig ist, dass Du nur einen Smalltalk beginnst. Warte kurz, bis er auf Deinen Smalltalk eingeht und etwas von Dir wissen will. Wahrscheinlich wird er Dich salopp fragen: „Und wie geht es Ihnen?" Nun könntest Du ihm zur Antwort geben:

- „Es geht so. (Du „stammelst" dabei.) Momentan suche ich nach Hilfe für mein Geschäft (die meisten Menschen in Deinem fremden Umfeld gucken jetzt etwas verdutzt, da sie in der Regel nicht wissen, dass Du ein eigenes Geschäft hast). Vielleicht können Sie mir weiterhelfen (Die Betonung liegt auf dem „Sie".) — kennen Sie jemand, der Lust auf Arbeit hat und gerne zwischen 300 € und 500 € dazu verdienen möchte?" (Welche Zahlen Du hier nennst, liegt in Deinem Ermessen)

Jetzt gibt es zwei Möglichkeiten:

Dein Gegenüber denkt an sich selbst und fragt Dich, um was es genau geht und der hilfsbereite Mensch überlegt kurz, ob ihm jemand einfällt, den er an Dich weiterempfehlen kann.

Selbstverständlich solltest Du jetzt auch Deinen heißen Satz oder eine Kurzgeschichte parat haben, da Dein so angesprochener Interessent jetzt meistens mehr über Dein Geschäft wissen möchte.

Im Übrigen eignet sich diese Methode auch dazu, Deine Bekannten anzusprechen. Du sprichst nie direkt Deine Geschäftsgelegenheit an, sondern fragst einfach nach einer dritten Person und schon bist Du im Gespräch.

Eine weitere Technik für den Alpha- und Beta-Typ

Eine weitere sehr gute Methode, um an neue Partner zu kommen, ist es, im bekannten Umfeld aktiv zu bleiben. Ich spreche die Empfehlungsnahme an. Viele Networker schrecken davor zurück – doch mit den entsprechenden Formulierungen hilft Dir Dein Kunde gerne weiter.

Wichtig ist, dass Du Dir die Zeit dafür einplanst. Bis die Empfehlungsnahme erfolgreich abgeschlossen ist, wirst Du oft eine halbe Stunde oder länger beim Kunden sitzen. Weiterhin solltest Du stets feinfühlig agieren. Auf zehn Kunden kommen immer ein oder zwei Personen, die generell keine Empfehlungen aussprechen oder wirklich kaum jemanden kennen.

Wir gehen zusammen unterschiedliche Möglichkeiten durch:

Mastertipp:
Wenn Du es Dir vor jedem Erstkundengespräch zum Grundsatz machst, folgende Aussage zu treffen, tust Du Dich leichter, hinterher Empfehlungen zu bekommen:
- „Herr Huber, ich müsste Sie noch auf folgendes hinweisen: Unsere Firma gibt kein Geld für Fernsehwerbung (es muss natürlich stimmen) und dergleichen aus. Deswegen habe ich eine Frage an Sie: Können wir uns darauf einigen, wenn Ihnen das heutige Gespräch gut gefällt, dass Sie mich weiterempfehlen werden?"

Wenn Dein Interessent nun Kunde geworden ist, beginnst Du das Empfehlungsgespräch folgendermaßen:

- „Herr Huber, für das heutige Gespräch, muss ich Ihnen von Herzen danken. Heute haben Sie eine gute Entscheidung getroffen und sich folgende Vorteile (zwei bis drei Vorteile Deines Produktes nennen) gesichert. Bei meiner Firma (Firmen-Name nennen) sind Sie in guten Händen. Ich persönlich werde auch in Zukunft immer für Sie da sein, wenn es um „xyz" geht."

Bei einem Bestandskundentermin leitest Du die Empfehlungsnahme mit folgenden Satz ein:

- „Herr Huber, darf ich Ihnen eine wichtige, ernsthafte Frage stellen?"

  Antwort: „Ja natürlich, kommt darauf an."

- „Herr Huber, sind Sie als mein Kunde mit mir und den Produkten meiner Firma wirklich zufrieden?"

Antwort: „Ja, warum fragen Sie?“

Jetzt bist Du im Gespräch, egal ob es das letzte oder das erste Beispiel war:

- „Herr Huber, als Berater für Firma (Deine Firma) erweitere ich meinen Kundenkreis in erster Linie mit persönlichen Empfehlungen. Darf ich Sie daher bitten, mir Personen zu nennen, die so wie Sie von einer persönlichen Beratung über (Dein Produkt) profitieren möchten. Sicherlich denken Sie gerade schon an mehrere Personen.“

Du holst jetzt kühn und gelassen ein weißes Blatt Papier hervor und beginnst darauf Namen aufzuschreiben.
Bitte schreibe erst nur die Namen auf, die Dir Dein Kunde nennt. Die Telefon-Nummern und Anschriften erfragst Du erst am Schluss, wenn Dir Dein Kunde alle Namen genannt hat. Sollte Deine Frage nach Empfehlungen zu unsicher formuliert sein, werden Dir oft die berühmten Kundenausreden „Mir fällt keiner ein.“ oder „Ich weiß nicht, ob das für meine Bekannten interessant ist.“ begegnen. Achte deswegen darauf, dass Du ein Empfehlungsgespräch entsprechend trainierst, damit Du stets selbstbewusst bei der Empfehlungsnahme agieren kannst.

Weiterhin ist es wichtig, den Kunden durch das Stellen von zusätzlichen Fragen zu helfen:

- „Mit wem telefonieren Sie oft? Mit wem von Ihrem Arbeitskollegen verstehen Sie sich gut? Sind Sie Mitglied in einem Verein? Wer ist alles in Ihrem Verein? Welche fünf Personen würden Sie auf jeden Fall zu Ihrer Geburtstagsparty einladen? Mit welchen Nachbarn verstehen Sie sich gut? Welche Familien kennen Sie durch Ihre Kinder?“

Schreibe so viele Namen und kurze Stichpunkte (die der Gesprächspartner nennt) auf, wie Du kannst. Lenke niemals von selbst von der Thematik ab und benutze ausschließlich eine Art gerade genannter Fragen bis Dein Kunde, wirklich keinen Namen mehr weiß.
Erst jetzt beginnst Du die Namen um zusätzliche Kontaktdaten zu ergänzen und startest danach die zweite Frageserie, um neue Vertriebspartner zu gewinnen:

- „Herr Huber, wie Sie wissen, ist die „xyz" Branche (Deine Branche) momentan der Wachstumsmarkt Nr. 1. Daher bin ich ständig auf der Suche nach Menschen, die Lust auf Arbeit haben und gerne 200 € bis 500 € dazu verdienen möchten. Kennen Sie jemanden, der gerne 200 € bis 500 € dazu verdienen würde und Lust auf Arbeit hat?"

Wenn Du jetzt Glück hast, will Dein Kunde selbst Geschäftspartner werden. Falls nicht, dann versuche Deinen Kunden wieder mit Fragen zu lenken, um neue Namen zu erhalten.

Meine Fragen waren beispielsweise:

- „Bei wem haben Sie sich zuletzt ehrlich beraten gefühlt? Zum Beispiel beim Kauf von Gegenständen, Möbel, Auto, Versicherung etc?"

- „Wen kennen Sie, der momentan mit seiner Tätigkeit unzufrieden ist und sich beruflich verändern möchte? Wer hat einen unsicheren Arbeitsplatz? (Weitere Stichwörter: Existenz des Unternehmens in Gefahr, lange Arbeitszeiten, Überstunden, keine Anerkennung, keine sozialen Leistungen, nur geringe Verdienstmöglichkeiten)"

- „Gibt es jemanden in Ihrem Umfeld, der immer am Thema

„Geld verdienen" interessiert ist – oder bereits einen Nebenjob oder ein Nebengewerbe hat?"

- „Wen kennen Sie, der Ziele hat und ständig versucht, beruflich vorwärts zu kommen? Wer ist in Ihrem Bekanntenkreis zielstrebig, übernimmt gerne Verantwortung und arbeitet viel?"
- „Wer in Ihrem Umfeld besucht zusätzlich zur Arbeit eine Schule?" u.v.m.

Wichtig ist, dass Du ebenfalls wieder auf einem weißen Blatt Papier alle Namen und Stichpunkte notierst. Erst dann, wenn Ihr fertig seid, nimmst Du Dir die Zeit, um die zusätzlichen Daten wie Telefon-Nummer und Anschrift der möglichen Interessenten zu erfassen.

Mastertipp:
Bevor Du jetzt das Gespräch beendest, frage den Kunden, wen er auf Deiner Liste als erstes, als zweites und als drittes usw. anrufen würde und warum. So wirst Du beim Abarbeiten der Liste wesentlich effektiver vorwärts kommen.

Mastertipp:
Wenn Du bei der Empfehlungsnahme kein weißes Blatt Papier benutzt, würdest Du Dich selbst und Deinen Kunden beschränken. Sind auf Deinem Empfehlungsblatt nur zehn Felder zum Eintragen von Empfehlungen gedruckt, wirst Du wahrscheinlich weniger als zehn Empfehlungen bekommen. Sind nur fünf Felder darauf gedruckt, ist die Chance hoch, weniger als 5 Empfehlungen zu bekommen. Weiße Papierblätter ermöglichen es Dir, so viele Empfehlungen zu bekommen wie Du haben kannst. Fange auf Deinem weißen Blatt Papier an, unten zu schreiben, dann ist die Chance etwas höher, noch mehr Empfehlungen zu bekommen. (Ein Glas füllt sich ja auch von unten nach oben, so wie Dein Blatt).

Eine weitere Methode, um möglichst viele Empfehlungen zu erhalten und um die Ausrede „Mir fällt niemand ein" zu umgehen, ist folgende:
Bevor Du auf das Thema Empfehlungen zu sprechen kommst, fragst Du Deinen Kunden:

- „Wie hat Ihnen meine Beratung gefallen?"

  Die Antwort ist meistens: „Gut."

- „Gibt es Punkte, bei denen Sie denken, dass ich besser machen könnte?"

  Die Antwort ist meistens: „Nein. Es war alles bestens"

- „Jetzt habe ich noch ein paar Fragen an Sie, deren Antwort ich mir gerne mitschreibe würde. Ich erzähle Ihnen gleich, warum wir die brauchen — abgemacht?"

Dein Gesprächspartner sieht Dich jetzt unsicher an und sagt zögerlich: "Ja."

- „Wieviele Arbeitskollegen kennen Ihren Namen?“ Zahl notieren.

- „Wieviele Eltern kennen Sie durch Ihre Kinder?“ Zahl notieren.

- „Wieviele Freunde würden Sie auf eine Geburtstagsfeier einladen?“ Zahl notieren.

- „Kennen Sie Personen, die den Beruf „xyz“ (Deine Zielgruppe) ausüben? Wieviele?“ Zahl notieren.

- „Mit wievielen Nachbarn pflegen Sie ein gutes Verhältnis?“ Zahl notieren.

Wenn Du jetzt alle Zahlen auf dem Blatt Papier zusammenzählst, hast Du z. B. das Ergebnis: 120. Du sagst sofort:

- „Klasse, Sie sind ja beliebt. Sie kennen über 120 Personen.“

Das war eine Falle. Dein Gesprächspartner kann jetzt nicht mehr behaupten, dass er niemanden kennt und ihm keine Namen einfallen.

- „Herr Huber, bitte helfen Sie mir: Als Berater für Firma (Deine Firma) erweitere ich meinen Kundenkreis in erster Linie mit persönlichen Empfehlungen. Wie heißen Ihre Arbeitskollegen, an die Sie soeben gedacht haben, mit Namen? Wie heißen die Eltern, die Sie durch Ihre Kinder kennen usw.?“

Verfahre bei diesem Gesprächsablauf einfach wie im soeben beschriebenen Gespräch weiter.

Die Technik für den Beta-Typ

Falls Dir die Zeit fehlt, zu Deinen Kunden zu fahren oder Du Dich dort nicht wohlfühlst, kannst Du auch telefonisch Empfehlungen von Deinen Kunden holen.

In der Praxis hat sich folgender Gesprächsleitfaden bewährt:

- „Hallo, hier ist Herr Müller."

- „Frau Huber, ich hoffe Sie erinnern sich noch an mich. Ich wollte mich zum einen nach Ihrem Wohlergehen erkundigen und fragen, ob Sie soweit mit unserer Dienstleitung zufrieden sind und, ob es Ihnen gut geht?"

  (Antwort abwarten)

- „Frau Huber, zum anderen geht es um folgendes: Wir suchen für unsere Firma Verstärkung und haben die Möglichkeit, zwei neue Plätze als Berater für unsere Firma zu besetzen. Nachdem Sie selbst so ein sympathischer Mensch sind, dachte ich, ich könnte Sie fragen, ob Sie jemanden kennen, der dafür in Frage kommen würde. Bitte haben Sie Verständnis für diese Frage, aber es ist mir tausendmal lieber mit einer Person, die mir empfohlen wurde, zu sprechen — bevor ich mich mit fremden Bewerbern unterhalte. Kennen Sie jemanden, der gerne zwischen 200 € und 500 € dazuverdienen würde?"

Du kannst jetzt zur Unterstützung noch zusätzliche Fragen stellen:

- „Wer arbeitet tagsüber bis 17 Uhr und hätte danach ein bis zwei Stunden Zeit und ist genauso nett wie Sie?“

- „Gibt es jemanden in Ihrem Umfeld, der schon in einem Nebenjob tätig oder ständig auf der Suche nach mehr Geld ist?“

Telefonisch kannst Du nicht so viele Empfehlungen nehmen wie beim Kunden direkt vor Ort. Drei bis fünf Kontakte von jedem Kunden sind in der Regel das Maß.

10. Das Internet / Deine Internetseite

Im heutigen Internetzeitalter ist es zwingend notwendig geworden, eine eigene Internetseite zu haben. Es gilt hier, ähnlich wie bei den Visitenkarten: Professionalität siegt.
Es macht keinen Sinn, eine lukrative Geschäftsmöglichkeit mit einer Internetseite anzupreisen, die entweder von einem kostenlosen Internetseiten-Anbieter zur Verfügung gestellt wird oder selber zusammengestrickt wurde.
Zum Glück bieten heutzutage die meisten MLM Firmen ihren Networkern die automatisierte Möglichkeit, eine Internetseite auf professioneller Basis zu haben.
Bist Du in einem Produkte-Network tätig, in dem Deine Kunden über das Internet einkaufen und ihre Bestellungen abwickeln können, so empfiehlt es sich natürlich, die firmeneigene Internetseite zu nutzen.
Bei der Geschäftspartnergewinnung liegt der Vorteil darin, dass Du bei der Nutzung der firmeneigenen Internetseite mit offenen Karten spielst. Der Nachteil ist: Dein Interessent weiß sofort über den Namen Deiner Firma Bescheid und kann jetzt auch im Internet weitere Informationen einholen. Dadurch könnte es sein, dass sich der Interessent in einer anderen Organisation einschreibt bzw. vom heißen Interessenten zum kalten Interessenten wird, der sich nie mehr bei Dir meldet.
Oftmals entspricht die firmeneigene Internetseite den Bedürfnissen, Stärken und den Eigenschaften des einzelnen Networkers nicht.
Die MLM Firma muss natürlich den verschiedensten Networkern die Darstellung ihrer Internetseite gerecht machen. Hier kommt es schon oft zu Meinungsverschiedenheiten, weswegen der eine oder andere Networker gerne eine eigene Homepage haben würde.

Eine eigene Internetseite ermöglicht es Dir, einen potentiellen Interessenten vorzuqualifizieren und auf die von Dir angebotene Geschäftstätigkeit heiß zu machen. Eine Internetseite ist zudem sinnvoll, wenn Du wenig Zeit hast viele Sponsorgespräche zu führen.
Somit kannst Du Interessenten einen Überblick über die von Dir angebotene Geschäftstätigkeit geben und sie vorinformieren. Die eigene Internetseite kannst Du so gestalten wie Du es möchtest und u.a. Dein persönliches Sponsorgespräch hinterlegen.

Weiterhin macht es Sinn, einen geschützten Bereich anzulegen, der ausschließlich für Deine Vertriebspartner zugänglich ist. Dort kannst Du dann immer (ähnlich wie beim Voicemail-System) Deine aktuellen News hinterlegen. Zusätzlich sollte Deine eigene Internetseite so viele Referenzen und Beispiele bereits erfolgreicher Geschäftspartner wie nur irgendwie möglich beinhalten. Wenn Du noch keine erfolgreichen Geschäftspartner in Deiner Downline hast, dann frage doch einfach Deine Upline, ob Du sie als Referenz heranziehen darfst. Referenzen sind äußerst wichtig. Deine Interessenten sehen sich oftmals in Deinen Referenzen wieder. Das schafft Vertrauen. Bitte denke daran, Deine Telefon-Nummer im Impressum bekannt zu geben. Ich kenne einige Networker, die das aus Gründen der Anonymität nicht gemacht haben — aber versetze Dich doch einfach selbst in die Lage eines potentiellen Interessenten. Nehmen wir an, Du bist gerade dabei etwas im Internet anzusehen oder kaufen zu wollen und hast eine wichtige Frage. Richtig, wenn das so ist, dann schickst Du dem Inhaber der Seite eine E-Mail oder suchst nach der Telefon-Nummer, um anrufen zu können. Bitte unterschätze nicht die Vielzahl der Interessenten, die lieber nach dem Telefon greifen würden, anstatt eine E-Mail schicken zu müssen.

Erstellt man nun eine eigene Homepage, so ist es wichtig, sich an die gesetzlichen Bedingungen zu halten und die AGBs und das

Impressum entsprechend zu gestalten. Hier kann Dir am besten ein Rechtsbeistand oder sogar die eigene Networkfirma weiterhelfen. Bei den meisten MLM-Firmen musst Du ohnehin eine Internetseite, die Du selber erstellt hast, genehmigen lassen.
Es gibt unterschiedliche Möglichkeiten, eine eigene Internetseite zu gestalten. Es kommt ganz darauf an, welchen Zweck bzw. welches Ziel Du verfolgst. Die zwei wichtigsten und ansprechendsten Gestaltungen stelle ich Dir gleich vor.
Bevor Du eine Internetseite erstellst oder erstellen lässt, musst Du Dir zunächst einmal Gedanken darübermachen, welche Zielgruppe Du ansprechen willst. Möchtest Du lieber Kunden oder Vertriebspartner gewinnen?

Ich gehe davon aus, Du möchtest Vertriebspartner gewinnen:

- Welche Menschen willst Du ansprechen? Jeden?

- Welchen Verdienst lässt Dein Network zu? Kannst Du hauptberufliche Partner gewinnen oder solltest Du Dich zunächst auf nebenberufliche Partner konzentrieren?

- Soll Dein Vertriebspartner aus einer bestimmten Branche kommen?

- Welche Vorkenntnisse und Qualifizierungen sollte er haben? Sollte er eher handwerklich begabt oder kaufmännisch orientiert sein?

- Welches Alter möchtest Du ansprechen?

- Willst Du eher Familienmenschen oder Einzelgänger in Deiner Network-Organisation?

- Suchst Du einen Networker, der bereits im Verkauf gearbeitet hat oder jemanden „Frischen"?

All das sind Entscheidungen, die Du nicht nur im Bezug zur eigenen Internetseite treffen solltest, sondern immer. Umso genauer Du Deine Zielgruppe definierst, umso größer ist die Chance Deine Wunsch-Networker zu finden.

Mastertipp:
Bitte mache nicht den Fehler und sage zu Dir selbst: Ich bin der Meinung, dass ich mich nicht einschränken sollte und möchte alle Personen ansprechen.
Das ist einer der größter Fehler, den Networker machen. Sie denken, ihre Geschäftsgelegenheit muss ja schließlich für jeden Menschen interessant sein. Natürlich ist Network Marketing generell für jeden interessant, nur nicht jeder möchte Network Marketing ausüben und nicht jeder bringt die Eigenschaften mit, die ein Networker eben benötigt. Wenn Du möglichst schnell und mit wenig Aufwand an die Spitze Deines Marketingplans kommen möchtest, dann definiere eine Zielgruppe.

Um eine Zielgruppe richtig zu bestimmen, solltest Du auf zwei Punkte achten:

Der erste Punkt ist: Aus welchen beruflichen Branchen sollen Deine Networker kommen?

Der zweite (und wichtigere) Punkt ist: Welche Eigenschaften sollten Deine Networker haben?

Überlege bitte kurz, welche Eigenschaften Dir dabei helfen, Deine zukünftigen Networker leichter zu ihrem persönlichen Erfolg zu führen.

> Ich bin sogar soweit gegangen, dass ich ein Erfolgsraster erstellt hatte. Meine Networker sollten – neben einigen anderen Eigenschaften — die Voraussetzung haben, meine Freunde werden zu können.
> Zudem sollten sie aufgeschlossen sein und schon einmal mit Menschen in ihrem Beruf zu tun gehabt haben. Hat ein potenzieller Geschäftspartner nicht in dieses Raster gepasst, so habe ich entweder intuitiv die Zusammenarbeit mit ihm vermieden oder habe ihm nur eine zeitlich befristete Chance gegeben.
> Dadurch war ich in der Lage, es zu vermeiden, mir unnötige „Zeitdiebe an Land zu ziehen" und konnte meine Zeit sehr sinnvoll nutzen. Da fällt mir sinngemäß ein altes bekanntes Sprichwort ein: Du kannst keinen faulen, schlafenden Hund zum Jagen tragen...
> Mit Sicherheit hast Du auch schon die Erfahrung gemacht, dass ausgerechnet die Menschen, die Erfolg dringend notwendig hätten, alles dafür tun, diesen zu vermeiden. Sonderbar, nicht wahr?
> Du kannst keinen Menschen zu seinem persönlichen Erfolg zwingen. Er muss bereits ein Verlangen nach Erfolg haben. Einer meiner Mentoren sagte einmal, Du kannst jeden Menschen zu seinem persönlichen Erfolg führen. Das Wort „führen" jedoch drückt einen Bewegungszustand aus. Wie willst Du jemanden nach vorne, nach links oder nach rechts führen, wenn dieser sich nicht bewegen möchte. Nur wer sich bewegt, kann geführt werden!

Zurück zum Thema. Du weißt, welche Zielgruppe/n von Interessenten Du ansprechen möchtest. Nun musst Du Dir noch über die Bedürfnisse der einzelnen Zielgruppen im Klaren sein:

- Arbeiten diese oft zu lange?
- Ist die Zielgruppe unterbezahlt?
- Hätte die Zielgruppe gerne mehr Zeit mit ihrer Familie?

Wie sehen die Beweggründe Deiner Zielgruppe aus? Schreibe diese nieder und baue sie entsprechend in Deine Internetseite ein. Formuliere diesen Inhalt aus.

Die zwei wichtigsten Internetseiten im Network Marketing sind:

1) Die One-Page Website

Wie der Name schon sagt, handelt es sich um eine einzige Seite im Internet. Auf dieser Seite befindet sich etwas mehr Text verbunden mit der Aufforderung diesen durchzulesen. Der Text sollte aus Sicht des Interessenten geschrieben und so interessant wie möglich gestaltet sein. Du solltest Deinen Interessenten auf dieser Seite aufzeigen, welche Probleme, Du für sie lösen kannst. Am Ende einer solchen Internetseite befindet sich lediglich ein Kontaktformular mit der Aufforderung dieses auszufüllen, um mehr Wissen oder einen Rückruf zu erhalten.
Hat Dein Interessent das ausgefüllt, werden die Kontaktdaten automatisch per E-Mail zu Dir weitergeleitet und Du kannst diesen kontaktieren.
Dein Vorteil: Diese Internetseite ist schnell zu erstellen und hält die von Dir angebotene Geschäftsmöglichkeit bzw. Deine Network-Firma neutral (sofern Du diese nicht erwähnst). Nachteil: Dein Interessent wird nur heiß gemacht, mehr erfahren zu wollen. Du musst ihn durch ein Gespräch oder durch das Zuschicken von Informationsmaterial weiter qualifizieren. Das kostet Zeit.

2) Die bewegte Website

Du erstellst einen Film, der Deinen Interessenten mit Wort, Bild und Schrift (so viele Sinnesorgane wie möglich ansprechen), die

von Dir angebotene Geschäftsmöglichkeit vermarktet. Du kannst den Film mit einem heißen Satz beginnen und dann ähnlich wie ein Sponsorgespräch aufbauen. Wenn Du etwas im Internet recherchierst, findest Du auch sehr günstige Angebote, um einen solchen Film erstellen zu lassen.
Der Vorteil dieser Internetseite ist, dass Dein Interessent sich umfassender vorinformieren kann. Weiterhin kannst Du Informationen über Deine Firma und die von Dir angebotenen Produkte anbieten. Beachte aber: Je mehr Dein Interessent über Deine Firma weiß, desto größer ist die Gefahr, dass Dein Interessent im Internet nach weiteren Informationen sucht und Deine Homepage möglicherweise für immer verlässt. Er könnte sich dann woanders als Geschäftspartner registrieren und einschreiben.

Bewerben einer eigenen Internetseite

Eine eigene Internetseite kannst Du online (im Internet) und offline (durch Zeitungsanzeigen, Flyer, Visitenkarten etc.) bewerben. Durch einen ständigen Zustrom von Interessenten wirst Du automatisch Kontakte heißer, vorqualifizierter Personen bekommen. Wie Du eine Seite offline bewirbst, erzählt Dir bereits mein Buch zu genüge. Bitte habe Verständnis dafür, dass ich nicht weiter darauf eingehe, wie eine Internetseite am besten online zu bewerben ist. Zu diesem Thema solltest Du Dir einen Experten zu Rate ziehen.

11. Die Umfrage

Umfragen können auf verschiedenste Art und Weise erstellt werden. Die heutzutage drei gängigsten Formen von Umfragen sind:

a) durch persönliche Ansprachen, beispielsweise in einem Supermarkt oder bei einem Event

b) durch telefonische Ansprachen

c) durch das Internet, beispielsweise in Internet-Foren oder von Internetfirmen, die ihrer Kunden das gezielt anbieten.

Zur Umfrage solltest Du immer einen „Köder" parat haben. Beispiel: Eine Verlosung mit einem Gewinn von etwas Besonderem. Mit ein bisschen Kreativität finden sich viele kostengünstige Möglichkeiten, einen echten Gewinn zur Verfügung zu stellen. Beispielsweise könnte das ein Gutschein für ein 3-Gänge-Menü für zwei Personen in einer örtlichen Lokalität sein. Du kannst Dich mit dem Wirt bestimmt darauf einigen, dass er das Essen umsonst zur Verfügung stellt, da er durch Dich und Deine Umfrage kostenlose Werbung bekommt. Zudem macht es Sinn, viele günstige, kleine Preise zu haben. Möglichkeiten dafür sind die beliebten Sonnencaps, Probepackungen Deiner Firma oder kleine Geschenkgutscheine von örtlich ansässigen Betrieben. (Es gibt einige Betriebe, die bereit sind, kostenlos einen kleinen Gutschein auszustellen, da schließlich ihr Geschäft durch Weitergabe des Gutscheins belebt wird.)

Technik für den Alpha- und Beta-Typ

Nach Durchführung Deiner Umfrage macht es Sinn, die interessantesten Personen zu kontaktieren, um ihnen ihre Gewinne zu überreichen. Am besten ist es, dass Du anrufst und einen persönlichen Termin zur Gewinnübergabe vereinbarst.
Nachdem Du (aufgrund der Umfrage) die Interessen und Probleme Deines potentiellen Geschäftspartners kennst, ist es leicht, bei diesem im Wohnzimmer näher darauf einzugehen. Du bringst ihm letztendlich die Lösung seiner Probleme durch Dein Sponsorgespräch mit.

Deine Umfragen sollten deswegen den potentiellen Interessenten immer dazu auffordern, seine vollständigen Kontaktdaten zu hinterlassen.

Eine Umfrage könnte beispielsweise folgendermaßen aussehen:

Gewinnen Sie ein 2-Gänge Menü für zwei Personen oder einen von zehn Einkaufgutscheinen im Wert von 5-Euro folgender Geschäfte: A, B, C...

Frage-Nr. 1

Haben Sie heutzutage immer noch das Gefühl durch die vergangene Währungsumstellung auf den Euro, spürbar weniger Geld in der Tasche zu haben?

O ja O nein

Falls ja: Bitte schätzen Sie, um wieviel Euro Ihre monatliche Belastung gestiegen ist? ______ Euro

Frage Nr. 2

Welchen Beruf üben Sie aus? ____________________

Frage Nr. 3

Welche zwei Punkte machen Ihnen an Ihrem Beruf am meisten Spass?

1. ______________________ 2. ____________________

Frage Nr. 4

Was würden Sie gerne an Ihrem Beruf ändern, wenn Sie könnten?

____

Warum würden Sie das ändern?

____
____
____
______

Haben Sie einen Plan, wie Sie das tun könnten?

O ja, welchen: ____________________ O nein

Frage Nr. 5

Erwarten Sie eher steigende Lebenshaltungskosten oder fallende Lebenshaltungkosten?

O steigende O fallende

Falls steigende: Haben Sie einen Plan, wie Sie diesen entgegen wirken können?

O ja, welchen: ______________________ O nein

Frage Nr. 6

Wie alt sind Sie? ____

Wie lautet Ihr Vorname? ___________________

Wie lautet Ihr Familienname? ___________________

Wie lautet Ihre Telefon-Nummer ? ___________________

Wie Du eine entsprechende Datenschutzerklärung gestaltest und welche rechtlichen Bestimmungen zur Durchführung eines Gewinnspiels gelten, solltest Du vorher bei einem Rechtsbeistand erfragen.

Nach erfolgreicher Durchführung der Umfrage hast Du in der Regel einen größeren Datensatz von Menschen, welche Du jetzt filtern und kontaktieren kannst.

Sonderreport:

Cross-Selling-Ideen

Dieses Kapitel zeigt Dir, wie leicht Du neue Geschäftspartner durch die richtigen Cross-Selling Kooperationen finden kannst.

Dieses Thema habe ich bereits in den Kapiteln „Umfragen“ und „allgemeiner Werbung“ angeschnitten. Sicherlich erinnerst Du Dich noch an das Gastronomen-Beispiel mit dem Bierdeckel und die Idee, ein Abendessen als Gewinn für eine Umfrage weitestgehend kostenlos vermarkten zu können.

Darüber hinaus gibt es noch weitere unzählige Möglichkeiten, durch besondere Werbemaßnahmen neue Geschäftspartner und Kunden zu gewinnen.

Beispiele und Methoden

1) Fitnessstudio

Wenn Du in einem Network tätig bist, dessen Produkte die Gesundheit und die Ernährung eines Menschen verbessern, kannst Du im Fitnessstudio einen Tag der offenen Tür oder eine Weihnachtsfeier sponsern. Du könntest den kommenden Gästen des Fitnessstudios frischen gesunden Obstsaft und Obstkuchen spendieren und im Gegenzug an einer kleinen Theke Deine Produkte oder Deine Geschäftsgelegenheit präsentieren.

Weiterhin könntest Du in Deinen Umfragen oder in Deiner Werbung eine kostenlose Probemitgliedschaft des Fitnessstudios anbieten. Dafür kann das Fitnessstudio Werbeflyer auslegen und Dir seine Mitgliedsliste zur Verfügung stellen.

Mit etwas Geschick, solltest Du am Telefon das Fitnessstudio entsprechend gut vermarkten können. Das erreichst Du, indem Du am Telefon erwähnst, dass Du im Auftrag des Fitnessstudios anrufst und dieses ihren Mitgliedern eine kostenlose Ernährungsberatung oder Ähnliches anbietet – je nachdem in welchem Network Du tätig bist.

2) Vereine

Vereine sind fast immer daran interessiert, mehr Geld einzunehmen. Kannst Du ihnen eine Möglichkeit aufzeigen, wie diese sich ein kleines passives Einkommen aufbauen können (bereits 50 € im Monat bzw. 600 € im Jahr sind für einem Verein viel Geld), hast Du deren Interesse schon gewonnen. Es macht

sehr viel Sinn, zuerst den Vereinsvorstand oder den Kassierer des Vereins als Kunden oder Networker einzuschreiben. So baust Du schnellstmöglich eine Vertrauensbasis auf.
Ist dies getan, gibt es mehrere Möglichkeiten, Vereinsmitglieder zu Kunden oder Geschäftspartnern zu machen. Du könntest eine Informationsveranstaltung anbieten, zu der die Mitglieder kommen können oder bei der nächsten Vereinsversammlung referieren. Weiterhin ist es möglich, die Mitgliederliste, nach vorheriger Ankündigung durch den Verein, abzutelefonieren und persönliche Gesprächstermine (unter Nennung des Vereins als Empfehlungsgeber) zu vereinbaren.

3) Firmen

Zählst Du einen Geschäftsführer oder Unternehmer zu Deinen Kunden, könntest Du die Mitarbeiter der Firma ebenfalls angehen. Dies kannst Du leicht durch einen Aushang am schwarzen Brett oder durch einen Hinweis, der der Lohnabrechnung beiliegt, machen. Wichtig ist, dass Du dem Mitarbeiter einen Vorteil herauskristallisierst, den er ausschließlich deswegen bekommt, weil Du mit seiner Firma zusammenarbeitest.

4) Bäckereien

Du kannst Werbung auf den „Semmel-Tüten" machen oder Flyer an den Theken auslegen. Beachte aber, dass sich Deine Werbung durch das Design von anderen Werbenden abheben muss – sonst ist die Werbung fast wertlos. Im Gegenzug kannst Du Gutscheine von der Bäckerei an Deine Kunden verteilen. Meistens eignet sich ein Gutschein für kleinere Mengen an Backwaren (beispielsweise 2 Brötchen oder Semmeln). Da die meisten Kunden mehr bei einer Bäckerei kaufen, als der verteilte Gutschein hergibt, solltest Du diese auch kostenlos von der Bäckerei bekommen können. Verteilt die Bäckerei ebenso diese Gutscheine, könntest Du auf der Rückseite Dein MLM-Geschäft bewerben.

5) Videotheken

In Videotheken kannst Du nicht nur Flyer auslegen, sondern den Besitzer bitten, Deine Flyer in die DVD-Hüllen hineinzulegen. Somit stellst Du sicher, dass dieser auf jeden Fall beim Öffnen in die Hände genommen wird. Auf Deinem Flyer könntest Du auch einen Bäckerei- oder Fitnessstudio-Gutschein mit abdrucken (Du schlägst zwei Fliegen mit einer Klappe).
Parallel dazu kannst Du Deinen Kunden einen Gutschein für das Ausleihen einer DVD für einen Tag geben. Somit helft Ihr Euch gegenseitig.

6) Nagelstudios

Nagelstudios sind meistens über eine zweite Einkommensquelle sehr froh. Die Kundschaft eines Nagelstudios ist fast ausschließlich weiblich. Dein Network sollte sich deswegen für Mann und Frau eignen oder sogar auf Frauen zugeschnitten sein.

7) Versicherungen

Wenn Dein Produkt Deinem Kunden eine Ersparnis ermöglicht, ist es oft sinnvoll, mit Versicherungsbüros zu kooperieren. Deinen Kunden gegenüber sprichst Du eine Empfehlung des Versicherungsbüros aus – im Gegenzug könntest Du im Kundenstamm der Versicherungsagentur Termine vereinbaren und

Dich als exzellenten Service der Agentur vermarkten.
Du bietest damit deren Kunden eine Beratungsdienstleistung für zusätzliche Kosteneinsparungen. Informierst Du anschließend die Versicherungsagentur, welchem Kunden Du wieviel Geld eingespart hast, hat diese die Möglichkeit diesen Kunden wieder für Geldanlagen oder Versicherungen anzugehen.

8) E-Mails

Verschickst Du auch täglich E-Mails? Bewirbst Du beim Verschicken Deiner E-Mail Dein Geschäft? Hast Du schon einmal dran gedacht, dass Deine gesendete E-Mail manchmal zu einer dritten Person weitergeleitet wird? Füge deswegen in Deine Signatur immer eine Werbebotschaft ein. Parallel kannst Du Deine Freunde und Deine Familie darum bitten, diese Werbebotschaft ebenfalls ihren Signaturen hinzuzufügen.

9) Gutscheine

Benötigst Du einen Gewinn für eine Umfrage oder Ähnliches, sind Gutscheine für Einkäufe im örtlichen Einzelhandel eine sehr gute Lösung.
Dabei sollte der Geldwert des Gutscheins nicht sehr groß ausfallen. Dies erhöht die Chance für den Einzelhändler deutlich, dass Dein Kunde in diesem Geschäft mehr einkauft. Deswegen sind auch die meisten Geschäfte sehr oft bereit, einen Gutschein im Wert von wenigen Euros kostenlos zur Verfügung zu stellen.
Im Gegenzug könntest Du natürlich dort Werbung auslegen oder an Tagen der offenen Tür immer vertreten sein.

Bonuskapitel

Wie Du einen Interessenten, der zu Dir „Nein“ gesagt hat, doch noch sponsern kannst!

Sicherlich hast Du auch schon einmal in Deiner MLM-Tätigkeit ein „Nein“ bekommen.
„Neins“ kommen im Network Marketing einfach vor und sind, wenn Du erfolgreich werden willst, so gut wie nie zu umgehen. Ein mit mir befreundeter Networker sagte einmal: „Ich messe meinen Erfolg schon seit langem an den „Neins“. Ich weiß genau, wenn ich einhundert „Neins“ im Monat bekommen habe, dass sich mein Geschäft außerordentlich gut entwickeln wird, weil jedes fünfte „Nein“ ein „Ja“ mit sich gebracht hat. Mittlerweile liebe ich deswegen die „Neins“ mehr als die „Jas“!“
Klingt komisch, nicht wahr? Diese Aussage hat jedoch einen riesengroßen Wahrheitsgehalt. Um im Network dauerhaft erfolgreich zu sein, musst Du Dir über eine gewisse Zeitspanne eben sehr viele „Neins“ holen. Wieviele „Neins“ es dann letztendlich sind, hängt von Deinen Sponsorquoten ab.

Die meisten Networker, die im MLM keinen größeren Erfolg haben, scheitern in der Regel an folgenden zwei Tatsachen:

1. Es fehlt ihnen die Konsequenz, die Tätigkeiten, die für den beruflichen Erfolg notwendig wären, zu erledigen und sich darauf zu konzentrieren.

2. Sie haben Angst vor Ablehnung und verzichten deswegen darauf, diesen oder jenen Menschen auf ihr Geschäft anzusprechen oder generell Neukontakte zu generieren.

Meistens ist es sogar so, dass die eine negative Tatsache die andere mit sich bringt. Dabei könnte man es sich so einfach machen:

1. Versuche eine Methode zur Vertriebspartnergewinnung zu

finden, die Dir Spass macht und Du musst Dich nie wieder zu einer Arbeit zwingen.

2. Lerne das beste aus den „Neins" zu machen:

Ist ein „Nein" wirklich so schlimm? Ich glaube nicht. Wenn dem so wäre, würden „Autobahnraststätten- und Tankstellen-Inhaber" schon längst verzweifelt sein! Tagtäglich düsen mehrere Tausende von Autos an ihrer Tankstelle vorbei, aber nur ein geringer Bruchteil davon fährt rechts raus, um dort zu tanken oder zu essen. Ist es wirklich schlimm, dass trotzdem noch mehrere tausende Autos vorbeifahren? Mit Sicherheit nicht — umso mehr Autos vorbeifahren, umso besser ist es für den Inhaber einer solchen Raststätte, da immer noch nach dem Gesetz der Zahl genügende Autos rechts raus fahren.
Genauso ist es in Deinem Network Geschäft. „Neins" gehören einfach zum Arbeitsalltag dazu und sind notwendig, um an die Spitze zu kommen! Versuche Deine Einstellung dazu zu ändern.

So, und jetzt möchte ich Dir eine spürbare Motivation zu mehr „Neins" geben:

Wusstest Du schon, dass in der Regel jeder Dritte, der zu Dir „Nein" gesagt hat, wahrscheinlich doch noch ins Multilevel Marketing einsteigen wird. Wie das gehen soll? Ganz leicht...

Wenn jemand zu Dir und Deiner angebotenen Geschäftschance „Nein" sagt, dann heißt das noch lange nicht, dass er Dich ablehnt. In der Regel findet er Dich trotzdem sympathisch, nett und freundlich und lehnt Deine Geschäftschance wegen persönlichen Gründen ab.

Umso mehr Sponsorgespräche Du machst, umso mehr Einfühlungsvermögen wirst Du bekommen, um den wahren

Grund für ein „Nein" herauszufinden.

Okay, zurück zum Thema: Dein Interessent hat „Nein" gesagt.

Was hast Du bisher mit Deinem „Nein-Sager" gemacht?

Viele Networker sind dazu geneigt, ihn nie wieder zu kontaktieren...

Das ist einer der größten Fehler, den Du machen kannst. Du solltest Deinen „Nein-Sager" immer wieder und wieder kontaktieren (natürlich nicht jeden Tag, Woche oder Monat, sondern vielleicht 2 x - 4 x pro Jahr).
Versetze Dich doch einmal in die Lage Deines „Nein-Sagers". Er hat abgesagt, weil er mit seinem Arbeitsplatz einhundertprozentig zufrieden ist, weil er genügend Geld verdient oder sich mit einem anderen Produkt „klassisch" selbständig machen möchte. Vielleicht hat er auch abgesagt, weil er befürchtet noch mehr arbeiten zu müssen, oder dass sein Lebenspartner etwas dagegen haben könnte. Es wäre auch denkbar, dass er sich mit Deinen Produkten noch nicht identifizieren konnte oder im Moment aus familiären Gründen einfach keinen Kopf dafür hat. Diese Liste könnte man beliebig fortführen.

Wie dem auch sei, die Zeit bleibt niemals stehen und Menschen und Dinge ändern sich einfach:

In einem halben Jahr könnte sein Unternehmen von Lohnkürzungen oder einem Konkurs betroffen sein. Seine familiäre Situation könnte sich zum positiven geändert haben oder er könnte auf einmal Deine Produkte benötigen. Irgendwann in den nächsten Jahren wird bei Deinem Interessenten eine Situation kommen, die es ihm ermöglichen kann, bei Dir einzusteigen. Die Frage ist nur, ob er dann wieder von Dir angesprochen wird oder ob ihn ein anderer Networker sponsert. Versuche stets eine Kontaktbrücke aufzubauen und nachhaltigen Kontakt zu Deinem „Nein-Sager" zu haben – sei aber nie zu aufdringlich.

Manchmal reicht es schon, Deinem Interessenten eine Weihnachtskarte, eine Urlaubskarte und eine Osterkarte zu schicken und ihn zweimal im Jahr anzurufen, um sich nach seiner Familie etc. zu erkundigen. Network Profis legen dazu oftmals einen Karteikasten an, in dem sie ihre „Nein-Sager" sammeln und sich auf den Karteikarten persönliche Daten ihres Interessenten schreiben, damit sie einen tollen Gesprächsansatz beim nächsten Telefonat haben. Was auch gut kommt, ist es, von jeder Firmen-Incentive-Reise, die Du unternommen hast, eine Urlaubskarte nach dem Motto „Ich bin schon wieder im Urlaub und Du arbeitest..." zu verschicken. Probiere es aus. Du wirst feststellen, dass Du Dich nach einiger Zeit gar nicht mehr auf Neukontakte konzentrieren musst, wenn Du Deine „Schatzkiste" von „Nein-Sagern" ordentlich pflegst.

Warum Dein zu Beginn noch heißer und vielversprechender Interessent doch nicht einsteigt und wie Du das verhindern kannst!

Kennst Du diese Situation auch? Du hattest ein Einstellungsgespräch mit einem neuen heißen Interessenten. Bereits beim Erstgespräch hast Du zusammen mit ihm darüber philosophiert, welche Träume er sich einmal eines Tages verwirklichen möchte und wie schnell er diese zusammen mit Deiner Hilfe erreichen könnte. Du hast ein ausgesprochen gutes Gefühl, dass Dein Interessent einsteigen und erfolgreich werden wird und einen Folgetermin mit Dir vereinbart, um mit Dir erste Arbeitsschritte und die Handhabung seiner ersten Unterlagen durchzusprechen. Voller Hoffnung, dass Du endlich – bildhaft gesprochen — eine Perle in der Muschel gefunden haben, freust Du Dich auf den Folgetermin, der in einer Woche, am Dienstagabend um 19 Uhr sein soll.

Nach fast einer Woche ist es endlich soweit: Dienstagabend, 19 Uhr. Du hast alles vorbereitet: Dein Wohnzimmer ist aufgeräumt, etwas zum Trinken steht bereit, die Produktunterlagen sind ausgedruckt und bereitgestellt — jetzt fehlt nur noch Dein motivierter Interessent.
Die Zeit verstreicht — es ist jetzt schon 7 Minuten nach 19 Uhr. Du denkst, bereits mit einem mulmigen Gefühl – dennoch voller Hoffnung, dass er sicherlich gleich kommen wird. Um 15 Minuten nach 19 Uhr ist er immer noch nicht da. Du prüfst Dein Telefon, Deinen Anrufbeantworter und Dein Handy und stellst fest: Nichts...kein Anruf, keine SMS, keine Nachricht. Schließlich wird es 20 Minuten nach 19 Uhr und Du beschließt, Deinen Interessenten anzurufen. Nach langem Klingeln geht Dein Interessent an sein Telefon und sagt Dir verlegen, dass er es vergessen hat abzusagen und dass die von Dir angebotene MLM-Geschäftsgelegenheit für ihn nicht mehr interessant wäre. Du bekommst nur noch die leise

klingende Frage: „Darf ich fragen, warum es nicht mehr interessant ist?“ von Deinen Lippen...

Situationen wie diese passieren leider viel zu oft...Doch woran könnte es gelegen haben, dass der scheinbar so motivierte Interessent auf einmal abgesprungen ist?

Ursachen gibt es viele. Diese können teils bei Dir liegen, teils bei Deinem neuen Interessenten.

In der vorangegangenen Kurzgeschichte hat der Networker einen gravierender Fehler gemacht. Hast Du den Fehler bemerkt?

Nach einem Erfolg versprechenden Einstellungsgespräch (Sponsortermin) solltest Du Deinen Interessenten bis zum nächsten Termin (hier war dieser eine Woche später) niemals aus den Augen verlieren. Es ist unabdingbar wichtig, bis zum nächsten Wiedersehen täglichen Kontakt mit seinem neuen Interessenten zu haben.

Einige Networker schreien jetzt sicherlich auf und sagen, dass es die Leute nerven würde, wenn man sich täglich meldet oder behaupten, dass sich ein neuer Interessent bei ihnen melden muss und nicht umgekehrt. In Einzelfällen mag das zutreffen, es ist aber nicht die Regel.

Denken wir doch einmal zusammen darüber nach. Die meisten Einsteiger im Multilevel Marketing sind nebenberufliche Interessenten (Ausnahme: Strukturvertriebe, da können es auch überwiegend hauptberufliche Einsteiger sein.). Du wirst mir sicherlich Recht geben, wenn ich behaupte, dass die meisten Menschen vor oder während der Ausübung der Network-Marketing Tätigkeit aus einem Arbeitsverhältnis heraus kommen. Sie sind es daher nicht gewohnt, selbständig zu handeln und zu agieren. Dies erhöht bereits deutlich die Wahrscheinlichkeit, dass Dein Interessent von sich aus keinen Telefonhörer in die Hand nehmen wird.

Dazu kommt folgendes hinzu: Die meisten Menschen haben einen ungeheueren Willen, sich mitteilen zu wollen. Dein neuer zukünftiger Geschäftspartner hat gerade die Chance seines Lebens kennengelernt. Er hat eine Methode gefunden, endlich seine Ziele und Wünsche zu erreichen und stürmt voller Begeisterung nach Hause. Was wird als nächstes passieren? Richtig, er wird seinem Lebenspartner erst einmal über die tolle Chance, die er heute von Dir bekommen hat, erzählen.

Hat Dein zukünftiger neuer Partner (nach nur einem Einstellungsgespräch) schon eine Ahnung, wie das Geschäft wirklich funktioniert? Mit Sicherheit nicht. Hinzu kommt: Die wenigsten Interessenten wissen bereits einige Stunden nach dem Erstgespräch noch den genauen Inhalt. Meistens können sie sich nur noch daran erinnern, dass da etwas war, mit dem sie ihre Ziele und Wünsche erreichen könnten. Denke doch einmal selbst nach, an was kannst Du Dich noch zurückerinnern?

Wie wird wohl der Lebenspartner reagieren, der noch weniger weiß als Dein potentieller neuer Partner?

Die Chance ist sehr groß, dass der Lebenspartner erst einmal ablehnend reagiert. Schließlich kennt er weder Dich, noch Dein Geschäftskonzept. (Du kennst ja die ständig wiederkehrenden unberechtigten Argumente: Schnellballsystem, Pyramidensystem...ich habe gehört, meine Tante Erna hat auch bei so etwas mitgemacht und noch heute in der Garage unverkaufte Ware stehen und sehr viel Geld verloren etc....).

Und wenn Dein Interessent Single ist?

Dann wird er sich mit einem Freund oder einer Freundin, seinem Arbeitskollegen oder seinem Nachbarn voller Euphorie über Dich und Deine Firma unterhalten.

Was denkst Du passiert hier? Es werden, wie eben beim Lebenspartner formuliert, gleiche oder noch schlimmere Antworten kommen. Menschen gönnen leider nur selten anderen Menschen etwas. Immer, wenn ein Mensch aus der Masse ausbrechen will, versucht die Masse ihn wieder zurückzuziehen. Es könnte ja doch sein, dass dieser eine Mensch seine Träume und Ziele erreicht, aber sie selber nicht. Denke einmal an Deinen Bekanntenkreis? Sicherlich hat es auch den ein oder anderen Bekannten gegeben oder gibt es sogar heute noch, der auf Dein MLM Geschäft kaum ansprechbar ist.

Und jetzt kommt die entscheidende Frage:

Wem vertraut Dein Interessent wohl mehr, Dir (er kennt Dich erst seit kurzer Zeit) oder seinen langjährigen Freunden, Bekannten oder Verwandten?

Es ist leider so, obwohl Du es mit Deinem Interessenten gut meinst (meistens als einzige Person), dass er seinen Freunden, Bekannten und Verwandten mehr vertraut. Er wird Dir in den meisten Fällen einen „Korb“ geben.

Du kannst Dir jetzt selbst ausrechnen, wie hoch die Wahrscheinlichkeit ist, wenn Du mit Deinem neuen Interessenten bis zum nächsten Termin eine Woche lang keinen oder fast keinen Kontakt hast, dass die so eben beschriebene Situation eintrifft.

Deswegen gilt:

Vereinbare nach dem Erstgespräch den Folgetermin so zeitnah wie möglich, am besten innerhalb von 3 Tagen.

Halte mit Deinem zukünftigen Geschäftspartner bis zum Folgetermin mindestens einmal täglichen Kontakt – natürlich mit dem richtigen Fingerspitzengefühl (nicht aufdringlich, aber dennoch zuvorkommend).

Lasse Dir einige Tipps nennen, wie Du das zuvorkommend tun kannst, ohne aufdringlich zu wirken:

Der Tag des Erstgesprächs:

Noch am gleichen Tag kannst Du abends anrufen und nachfragen, ob Dein zukünftiger Partner wieder gut nach Hause gekommen ist. (In etwa so formuliert: „Hi Peter. Ich bin's André. Du, mir lag es auf der Zunge, ich wollte Dich jetzt einfach noch einmal anrufen und Dir sagen, dass mir das heutige Gespräch mit Dir sehr gut gefallen hat. Ich hoffe Du denkst genauso. Bist Du gut nach Hause gekommen?") Wichtig dabei ist, dass Du jetzt von Dir aus nicht über Deine MLM-Tätigkeit sprichst. Du rufst einfach freundschaftlich gesinnt an.

Erster Tag, nach dem Einstellungsgespräch:

Du gibst Deinem Interessenten keine Unterlagen nach dem Erstgespräch mit nach Hause, sondern schickst Deinem Interessenten Firmenunterlagen Deiner MLM Firma per E-Mail oder per Postweg zu. In dieser E-Mail kannst Du ja noch einmal seine Gründe, warum er bei Dir einsteigen möchte, hervorheben und ihm zusichern, dass er seine Ziele mit richtigem Einsatz wirklich erreichen kann. Eine E-Mail schickst Du erst am Tag nach dem Einstellungsgespräch weg und eine Postsendung, wenn möglich noch am gleichen Tag. Somit kannst Du am Tag nach dem Einstellungsgespräch zuvorkommend anrufen, ob Dein Interessent Deine E-Mail oder die Post erhalten hat.

Anmerkung:
Bitte frage immer bei jedem Telefonat, ob Dein Interessent noch Fragen oder Unklarheiten hat, die telefonisch geklärt werden können.

Zweiter Tag:

Du rufst an und erkundigst Dich nach seinem Wohlergehen. Du fragst, ob er das Sponsorgespräch gut verdaut hat, zwischenzeitlich Fragen hat, die ihm auf der Zunge liegen oder einfach, ob Du ihm etwas Gutes tun kannst. Beispielsweise so: „Hi Peter, ich bin's. Ich habe gerade an Dich gedacht. Ich wollte bloß einmal anrufen und Dich fragen, ob Du noch Fragen zu den Geschäftsunterlagen hast oder ob ich Dir noch etwas Gutes tun kann?“

Dritter Tag:

Idealerweise sollte dies der Tag sein, an dem Du Deinen Interessenten wieder persönlich triffst – es würde ausreichen, ihn einfach ein paar Stunden vor dem gemeinsamen Termin anzurufen, um den Termin nochmals zu bestätigen. Sollte an diesem Tag kein Termin mit Deinem Interessenten möglich sein, nenne ich Dir gerne noch ein paar mögliche Anrufgründe:

Du verlegst die Uhrzeit des vereinbarten Folgetermins um eine Stunde nach vorne oder nach hinten.

Falls Du ihm die ersten Unterlagen per Post zugeschickt hast, dann frage ihn jetzt nach seiner E-Mail Adresse, damit Du nochmals andere Unterlagen oder Informationen zuschicken kannst. Falls Du die ersten Unterlagen per E-Mail geschickt hast, kannst Du jetzt noch einmal nach seiner genauen Postanschrift fragen, um Deinem Interessenten Unterlagen per Post zu schicken.

Probiere es aus:

Durch den täglichen Kontakt mit Deinem Interessenten wirst Du feststellen, dass immer dann, wenn er in seinem Umfeld auf Konfrontation stößt, er die Gelegenheit Deines Anrufes nutzen wird, um Fragen augenblicklich zu klären.

Ein weiterer sehr guter Tipp ist folgender:

Ich habe in meiner Struktur einen sogenannten „Erfolgsticker“ ins Leben gerufen. Es ist mittlerweile üblich, dass mir meine Partner Erfolgs-Mitteilungen (meist per SMS) kurz bekannt geben. Immer dann, wenn ein Partner erfolgreiche Verkäufe getätigt oder neue Geschäftspartner eingeschrieben hat, schickt er mir eine SMS. Diese SMS schicke ich dann als Motivations-SMS an alle anderen Downline-Partner weiter.
Diese SMS motiviert wiederum die anderen Downline-Partner, mir auch Mitteilungen über erfolgreiche Geschäfte zu schicken und motiviert zusätzlich die Networker, bei denen das Geschäft im Moment noch nicht so gut läuft, weiterzumachen und „Vollgas“ zu geben.
Diese kleine Tat vollbringt manchmal echte Wunder und lässt die Geschäftsspirale jeden Tag weiter in eine positive Richtung drehen.

Die Erfolgs-Mitteilungen sind letztendlich ein eindeutiger Beweis für andere oder neue Geschäftspartner, dass die von uns angebotene Network Marketing Tätigkeit funktioniert.

Deswegen nehme ich meine neuen Interessenten, die ja erfolgreiche Partner werden wollen, immer sofort in den

Verteilerkreis solcher Erfolgsnachrichten auf. Somit habe ich zu den Telefonaten sogar noch „passiven“ Kontakt zu meinen zukünftigen Vertriebspartnern.

Überlege doch einmal wie Du Dich als Interessent fühlen würdest: Du hast eine tolle Geschäftsgelegenheit, mit der Du Deine Träume und Wünsche erfüllen kannst, kennen gelernt. Während Du Dich in Deinem Arbeitstrott befindest, kommt ständig eine SMS auf Dein Handy, wie toll Dein zukünftiges Geschäft funktioniert. Du bekommst jetzt sogar noch den Beweis, dass in Deiner zukünftigen Arbeitsstätte die Luft brennt und kannst das nächste Gespräch kaum noch erwarten, oder?

Aufgrund einer Vielzahl von weiteren Regeln, die es bei oder nach einem Sponsorgespräch noch zu beachten gilt, wird es zwar immer noch Interessenten geben, die Zweit-Termine einfach absagen — aber es dürften doch schon, wenn Du die genannten Tipps befolgst, entscheidend weniger geworden sein.

Übrigens: Ich habe zu meinen neuen Geschäftspartnern ab dem Zeitpunkt des Erstgesprächs zum Großteil länger als ein Jahr mindestens einmal den täglichen Kontakt gepflegt. Wenn diese mich angerufen haben, war es okay und wenn nicht, habe ich spätestens abends angerufen. Als Führungskraft ist es sicherlich ein großer Aufwand täglich mit seinen direkten Partnern zu telefonieren, jedoch zahlt sich dieser Aufwand deutlich aus. Erst dann, wenn Geschäftspartner über einige Monate hinweg so viel verdient haben wie in ihrem Hauptberuf, habe ich etwas locker gelassen. Dabei macht es aber immer Sinn, nicht bestimmend und bevormundend Deinen Partnern gegenüber zu sein und nicht ständig nach neuem Umsatz zu fragen. Wenn Du diese Methode anwendest, solltest Du stets auch die Freundschaft zu Deinen Partnern suchen. Dann sind Deine Anrufe auch immer willkommen.

Wie Du es mit nur wenig direkten Partnern schaffen kannst, an die Spitze Deines Marketingplans zu kommen!

Hast Du Dich schon einmal gefragt, wieviele Partner Du sponsern musst, um Deine Ziele im Multilevel Marketing zu erreichen?

Ich kann Dir jetzt schon eins sagen: Weniger ist im Network Marketing oftmals mehr. Die meisten Networker glauben, dass sie solange Partner sponsern müssen, bis sie an der Spitze angekommen sind. Das ist aber nicht richtig. Es zählt vor allem eins: Lerne, clever zu arbeiten und bilde Dich stets fort, um Deine Downline professionell unterstützen zu können.

Hast Du Dich schon einmal gefragt, wieviele Partner Du gleichzeitig führen und coachen kannst?

Sicherlich bist Du dann auch auf die Erkenntnis gestoßen, dass die obere Grenze in etwa bei 4 - 10 Partnern liegt. Coachst Du mehr direkte Partner, wirst Du nicht mehr genügend Zeit haben, um auf die individuellen Bedürfnisse des Einzelnen eingehen zu können. Das bremst Dein Wachstum. Gerade deswegen ist Network Marketing bewusst ein hierarchisches System. (Multilevel = übersetzt: mehrere Ebenen). Das heißt, es wird bewusst eine verzweigte Tiefenstruktur gebildet. Deine direkten Geschäftspartner sind Dir unterstellt, die Partner Deiner direkten Geschäftspartner sind Deinen direkten Partnern unterstellt und so weiter.

Auf wievielen direkten Partnern Dein Umsatz verteilt sein muss, um an die Spitze Deines Marketingplans durchzumaschieren, kannst Du diesem in der Regel leicht entnehmen. Auf mehr direkte Partner würde ich mich nicht konzentrieren. Jeder Partner, der zusätzlich von Dir aufgebaut wird, sorgt für eine Verlangsamung des Wachstums, da Dir die Zeit wiederum fehlt, Deine bereits bestehenden Partner weiter zum Erfolg zu führen. Nutze die Macht der Multiplikation (ich schreibe bewusst nicht: Duplikation). Wenn Du als Vorbild voran gehst und bewusst nicht mehr als beispielsweise 5 aktive Partner sponserst (und diese dann außerordentlich gut coachst), wird Deine Gruppe es Dir nachmachen. Du wirst dann sehr schnell in die Situation kommen: 5x5x5x5x5x5 = 15.625 Geschäftspartner in Deiner Strukturtiefe. Übersetzt meine ich damit: Du musst lernen Deinen direkten Geschäftspartnern gezielt dabei zu helfen, neue Geschäftspartner zu finden und Deinen direkten Partnern es beibringen, wie sie es schaffen ihre Partner so zu coachen, damit diese wiederum neue Geschäftspartner finden.

Was gilt es dabei zu berücksichtigen?

Natürlich sehr viel. Die wichtigsten zwei Punkte sind jedoch:

1. Jeder Mensch ist anders und

2. Es gibt einen Aussortierungsprozess

Jeder Mensch ist anders. Hier machen ebenfalls viele Networker einen riesengroßen Fehler. Sie denken, dass Duplikation im Network alles ist und versuchen dann (wenn überhaupt) ihr System der Geschäftspartner- und Kundengewinnung auf ihre Partner zu übertragen. Dies klappt aber leider nur in den seltensten Fällen und führt zu miserablen Sponsorquoten. Leider wissen es die meisten Networker auch nicht besser, da sie sich zu wenig weiterbilden. Die Ausnahme bist natürlich Du! Sonst würdest Du wohl kaum dieses Buch lesen.

Zurück zum Thema:

Lerne es herauszufinden, was für ein Typ von Mensch Dein neuer

MLM-Geschäftspartner ist. Versuche ihm stets die richtigen Rezepte für einen erfolgreichen Geschäftsaufbau weiterzureichen. Frage ihn, mit welchen Methoden er sich identifizieren kann. Beispiel: Falls es Dir Spass macht (sofern die Namensliste aufgebraucht wurde), Geschäftspartner per Zeitungsanzeigen und Telefon zu gewinnen, könnte es sein, dass Dein Partner diese Art von Werbung überhaupt nicht mag und es bevorzugen würde, Menschen direkt und persönlich anzusprechen.
Wenn Du jetzt nicht genau weißt, wie Dein Geschäftspartner fremde Menschen richtig ansprechen kann, hast Du ein falsches oder kein anwendbares Rezept in der Hand. Dein Geschäftspartner wird dann voraussichtlich nur sehr schlechte Quoten erzielen und schnell zur Überzeugung gelangen, dass Multilevel Marketing für ihn als System nicht funktioniert und vorzeitig aufgeben. Deswegen gilt: Mache aus Dir einen Profi! Ein Arzt studiert ebenfalls jahrelang an der Uni, um danach die richtigen Rezepte für seine Patienten ausstellen zu können. Network Marketing ist ebenfalls ein Lernprozess – unterschätze das bitte nicht.

Kommen wir zum nächsten Punkt:

Der Aussortierungsprozess

Das ist die schlechte Nachricht: MLM bedeutet eine gewisse Zeit lang mehr für Deine Ziele arbeiten zu müssen (MLM: Mach Lieber Mehr!).

Wenn Du denkst, dass Du in der Realität nur 5 Personen sponsern musst, um oben genannte 5er-Multiplikation zu erreichen, hast Du Dich getäuscht. Die Wahrscheinlichkeit ist so gering wie ein Lottogewinn. Du wirst wahrscheinlich (je nach Deiner Quote) zwischen 20 und 75 direkte Geschäftspartner sponsern müssen, um dennoch clever ans Ziel zu kommen. Die Ursache liegt darin, dass leider viele Menschen nicht dazu bereit sind, eine gewisse Zeit

lang im Network Marketing auch richtig zu arbeiten. Trotz Deiner hervorragenden Anweisungen erzielen diese Partner keine Umsätze und holen keine neuen Partner ins Geschäft.
Habe den Mut, solche Partner „auszusortieren". Das heißt, nimm diese aus Deinem „5er Coaching-Programm" heraus. Solche Partner können deswegen immer noch auf Deine Veranstaltungen kommen oder einfach nur ein zufriedener Kunde oder Empfehlungsgeber sein. Einen Geschäftspartner kannst Du nur führen, wenn dieser in Bewegung ist. Bildhaft gesprochen: Denke an eine Bobbahn. Dein Geschäftspartner ist der Bobfahrer und Du gibst die Fahrtrichtung als Bobbahn vor. Wenn Dein Geschäftspartner sich aber nicht bewegt, nützt ihm die Bobbahn auch nichts.

Gewinne nur so lange neue Partner bis Du genügend Partner hast, die sich aktiv bewegen und Deine Ideen und Ratschläge mit entsprechenden Resultaten umsetzen können! Wenn Du genau das Deiner Downline beibringst und selbst Deine Partner in den tieferen Ebenen dabei noch unterstützt, wird sich dieses System zwangsläufig multiplizieren.

Die Macht der Konzentration und wie Du diese sinnvoll für die Geschäftspartnergewinnung einsetzen kannst.

Nur allzu gerne sehe ich mir erfolgreiche Unternehmen oder Unternehmer an und frage mich, auf welchen Gesetzen deren Erfolg beruht. Oftmals hängt deren Erfolg (neben vielen anderen persönlichen Eigenschaften) davon ab, dass sie sich mit ihren Produkten auf eine bestimmte Zielgruppe konzentrieren. Erst dann, wenn diese Zielgruppe erfolgreich bedient wird, nehmen viele Unternehmen neue Zielgruppen in ihr Portfolio mit auf. Wenn Du Dir beispielsweise das bekannte Buchversandhaus im Internet ansiehst, so kannst Du feststellen, dass dieses Unternehmen hauptsächlich durch den Verkauf von Büchern und Musik-CDs gewachsen ist. Mittlerweile bietet dieses Unternehmen die Einkaufskategorien: DVDs, Spiele, Elektronik, Küche, Schuhe, Sport & Freizeit und vieles mehr an. Sieht man heute einmal in die Welt der gebildeten „Ein-Mann-Unternehmer" (ich meine damit die Ärzte, Rechtsanwälte, Steuerberater, Programmierer etc.) hinein, so stellt man fest, dass die am besten Verdienenden meistens die Spezialisten sind. Der Programmierer, der Experte für ein bestimmtes Fachgebiet ist, verdient einfach mehr als der Programmierer, der alles kann. Ebenso ist es bei den Star-Anwälten oder Ärzten. Umso so spezifischer sich diese auf ein Thema konzentrieren, umso erfolgreicher sind sie in der Regel.

Drehen wir doch einmal den Spieß um. Im Network Marketing arbeiten bereits viele Networker, die nur ein paar wenige spezifische Produkte ihrer Firma anbieten können – doch wie sieht es bei der Geschäftspartnergewinnung aus?

Ich habe oft festgestellt, dass Networker in der Geschäftspartnergewinnung versuchen, alle Menschen anzusprechen, die sie eben rekrutieren können – anstatt eine Methode der Geschäftspartnergewinnung zu nehmen und diese auf eine bestimmte Zielgruppe maßzuschneidern.

In der Geschäftspartner- und Kundengewinnung macht es generell Sinn sich zum einen auf ein, zwei Methoden der Geschäftspartnergewinnung zu konzentrieren und zum anderen diese Methode/n auf eine bestimmte Zielgruppe auszurichten.

Du solltest dazu folgendermaßen vorgehen:

Überlege welche Vorgehensweise zur Geschäftspartnergewinnung Dir wirklich Spass macht und mit welcher Methode Du Dich identifizieren kannst (zum Beispiel: Anzeigenwerbung, Internetwerbung, Flyerwerbung, Telefonieren, Direktansprache und vieles mehr...).

Als nächstes solltest Du diese Methode konsequent anwenden, sie ständig bis zur Perfektion verfeinern und immer bestrebt sein darin besser werden. Werde ein Spezialist in Deiner Vorgehensweise!

Dabei macht es Sinn, sich auf bestimmte Zielgruppen von Menschen zu konzentrieren. Bist Du beispielsweise in einem Network für modische Kleidung, Kosmetik oder Nahrungsergänzung tätig, dann könnte es Sinn machen sich auf die Zielgruppe: Friseure, Kosmetiker, Massagestudios, Nagelstudios etc. zu spezialisieren. Wie in jedem Berufsbereich gibt es auch hier unzählige Menschen, die in ihrer Selbständigkeit oder in ihrem Beruf unzufrieden sind oder einfach nur mehr verdienen möchten. Während die Nagelstudiobesitzerin Nägel feilt, könnte sie doch mit ihren Kunden über modische Jeanshosen sprechen und zu einem Jeans-Party-Abend einladen. Das Kosmetikstudio könnte sich zur Philosophie machen, dass Schönheit nicht nur von außen, sondern auch von Innen (bei entsprechender Vitalität) kommen kann und die Nahrungsergänzungs-Produkte Deiner Firma weiterempfehlen. Gesetz der Zahl finden sich auch unter den neu dazu gewonnenen Kunden wieder Menschen, die Geld dazu verdienen möchten oder gerne selbständig wären. Sofort kann das Nagelstudio (etc.) noch neue Partner dazu gewinnen und den Weg für eine erfolgreiche Karriere im Network Marketing ebnen.

Weiterhin ist es möglich, diese Form der Geschäftspartnergewinnung bei Zeitungsanzeigen, Briefwerbung und ähnlichem einzusetzen. Du kannst zum Beispiel folgende Schlagzeile verwenden: „AN alle NAGELSTUDIO-BESITZER! Interessante Möglichkeit, wie Sie mit Ihren Kunden doppelt so viel verdienen können. Kostenlose Auskunft gibt Herr Meier unter Telefon-Nr. 123456789"

Ein anderer Weg ist es, als Zielgruppe Menschen aus dem Einzelhandel zu definieren. Diese Menschen arbeiten meistens sehr lange (in der Regel bis 20 Uhr) und auch noch am Samstag. Alleine diese Arbeitszeit bietet genügend Gründe, warum der eine oder andere Angestellte gerne etwas in seinem Beruf ändern würde.

Du musst die Zielgruppe aber nicht am Beruf fest machen, sondern kannst Dich auch im Allgemeinen auf „gesundheitsbewusste Menschen" konzentrieren. Überlege dann, wo Du diese Zielgruppe findest. Beispielsweise kauft diese Gruppe gerne im Reformhaus oder im Bioladen ein oder hat einen Heilpraktiker.

Lerne wie Du Deine Zielgruppe am geeignetsten ansprechen kannst. Deiner Kreativität sind keine Grenzen gesetzt.

Ich rechne damit, dass mich einige Leser jetzt gleich anschreiben möchten, um mir die Frage zu stellen: „André, das hört sich alles schön und gut an – aber was mache ich, wenn ich wirklich ein paar Geschäftspartner daraus gewonnen habe und diese dann auch in der gleichen Zielgruppe neue Geschäftspartner anwerben? Die

Zielgruppe ist doch nur beschränkt verfügbar."

Meine Antwort:

1. Das weißt Du doch jetzt noch gar nicht. Jeder neue Geschäftspartner bringt eine Namensliste mit sich, die Du zuerst mit ihm abarbeiten solltest. Hieraus ergeben sich viele neue Kontakte, die nicht mit Deiner Zielgruppe übereinstimmen.

2. Es geht nicht immer im MLM um Duplikation! Deine Geschäftspartner sollen diese Art der Anwerbung Dir nicht unbedingt nachmachen! Als Sponsor ist es Deine Aufgabe, erst einmal herauszufinden, welche Methode der Geschäftspartneranwerbung Deinem Partner Spass macht. Danach solltest Du diese Methode mit ihm zusammen üben und verfeinern. Erst dann gibst Du ihm die Empfehlung, dass es Sinn macht, sich auf eine bestimmte Zielgruppe zu konzentrieren. Das heißt, Du solltest immer über die vielen Methoden der Geschäftspartnergewinnung bescheid wissen, um Deinem Geschäftspartner, die für ihn richtige Methode weiterempfehlen zu können. Lese deswegen Bücher, besuche Seminare und bilden Dich weiter (gerne auch bei uns).

3. Brauchst Du wirklich hunderte von Partnern in der direkten Linie? Natürlich nicht. (Wenn Du jetzt ja gesagt hast, dann solltest Du das Bonuskapitel „Wie Du es mit nur wenig direkten Partnern schaffen kannst, an die Spitze Deines Marketingplans zu kommen." noch einmal lesen.)

Lass uns nun noch einmal zurück zum Kernthema „Die Macht der Konzentration" kommen:

Ich empfehle Dir, Dich einem Selbst-Test zu unterziehen. Nimm dazu bitte drei leere Papier-Blätter und einen Stift zur Hand und beginne damit, auf dem ersten Blatt alle Deine Stärken zu schreiben. Schreibe auf, was Dich auszeichnet:

- Welche Stärken und Fähigkeiten hast Du?
- Was kannst Du besonders gut?
- Was macht Dir besonders viel Spass im Leben?

Auf dem anderen Blatt Papier schreibst Du Deine Schwächen auf. Schreibe alle Dinge auf, die Du nicht so gut kannst.

Wenn Du jetzt mitgemacht hast, weißt Du, dass noch ein leeres weißes Blatt Papier übrig ist. Auf diesem Blatt Papier schreibst Du auf, welche Tätigkeiten Du momentan für den Erfolg Deiner MLM-Tätigkeit ausübst. Versuche beim Schreiben, auf Dein Bauchgefühl zu achten. Immer dann, wenn Du ein unwohles Gefühl hast (z. B. bei dem Punkt: „Kaltanrufe von Verkäufern"), dann mache ein Minus dahinter – umgekehrt ein Plus.

Überprüfe den dritten Zettel genauestens nach Deinen Stärken und Schwächen. Streiche alle Kernpunkte Deiner MLM-Tätigkeit mit denen Du eine persönliche Schwäche verbindest.

Jetzt kommt der wichtigste Teil der Übung: Aktiviere Deine Kreativität!

Schreibe die übrig gebliebenen Punkte auf einem neuen (leeren) Zettel und lege das Blatt Papier mit Deinen Stärken daneben. Nimm Dir die Zeit und versuche den neuen Zettel weiter auszufüllen. Schreibe mögliche Ideen und Taten auf, die mit Deinen Stärken zusammenhängen und Dich an die Spitze in Deinem Marketingplan bringen können! Diese zwei Zettel hängst Du am besten an einem Ort auf, an welchem Du die meiste Zeit für Dein MLM-Business aufwendest. Diese zwei Zettel sollen Dich daran erinnern, Dich immer auf Deine Stärken zu konzentrieren und werden immer dann, wenn Du diese ansiehst, Deine Kreativität anregen. Den Zettel mit Deinen Schwächen verbrennst Du am besten.

Vertraue auf Dich und Deine Stärken und bringe das auch Deinen (zukünftigen) Geschäftspartnern bei.

Damit Du mich noch etwas besser verstehst, erzähle ich Dir noch ein paar Beispiele:

Weißt Du, wenn Du hervorragende PC- und Internetkenntnisse hast, dann solltest Du Dich auf das Internet konzentrieren und so den Erfolg Deiner Network Marketing Tätigkeit steigern. Wenn Du eher der Mensch bist, der ungern Telefon-Akquise betreibt, aber gerne neue Menschen durch die Direktansprache kennen lernt, dann solltest Du jetzt nicht daheim sitzen, sondern hinaus eilen und neue Menschen kennen lernen. Wenn Du weder das Telefonieren, noch die Direktansprache magst, gerne aber Einstellungsgespräche führst, dann suche Dir doch jemanden, der das Telefonieren für Dich erledigt. Stelle Dir eine Telefonistin ein (z. B. mit Umsatzbeteiligung) oder frage einen Networker, der gerne Leute kontaktiert und ungern Einstellungsgespräche führt, ob er mit Dir zusammenarbeiten möchte.

Konzentriere Dich auf Deine Stärken! Versuche stets Dein Bestes zu geben und bitte: Unternimm etwas und habe den Mut, Dir selbst zu vertrauen.

Kennst Du schon den Unterschied zwischen „Networker Erfolglos", „Networker Erfolgreich" und „Networker äußerst Erfolgreich"?

„Networker Erfolglos" scheitert schon am Versuch, indem dass er daran denkt, was alles schief gehen könnte und welche Probleme sich ihm in den Weg stellen könnten.

„Networker Erfolgreich" denkt zwar darüber nach, welche Probleme sich in den Weg stellen könnten, fängt aber trotzdem an, etwas für den Erfolg seiner Geschäftstätigkeit zu unternehmen und hofft darauf, die Probleme zu gegebener Zeit lösen zu können.

„Networker äußerst Erfolgreich" denkt über nichts nach und legt sofort im vollen Vertrauen zu sich und seiner Unternehmung los. Er ist der Star, der bereits nach kürzester Zeit oben auf dem Siegertreppchen steht, während „Networker Erfolgreich" die Treppenstufen hinterher läuft und „Networker Erfolglos" fürs Zusehen Beifall klatscht.

Ich wünsche Dir von ganzem Herzen, dass Du zu Dir innerlich „Ja! - ich will!" sagen kannst, den Mut hast, Dich auf Deine Stärken zu konzentrieren und Dich auf dem Weg begibst, „Networker äußerst Erfolgreich!" zu werden.

Ich weiß, dieses Kapitel ist etwas ungewöhnlich, doch denke ich damit beim einen oder anderen Networker den Nagel auf dem Kopf getroffen zu haben. Dein Erfolg muss und sollte natürlich nicht nur mit dem „Siegertreppchen" definiert sein, sondern mit den Zielen, die für Dich wichtig sind – unabhängig davon, wie der Aufstieg in Deinem Karriereplan aussieht. Du kannst ja das Wort „Siegertreppchen" mit dem Wort „Zielerreichung" gerne austauschen bzw. aus diesen kurzen Zeilen versuchen, eine andere Metapher zu finden.

Soft-Sponsoring – Wie Du aus Interessenten auch Freunde machen kannst.

Betrachtet man die Geschäftsgelegenheit von Multilevel Marketing mit dem Verstand, so müsste sich jeder Interessent Deinem Geschäft anschließen. Mit Sicherheit ist es Dir beim Einstellungsgespräch auch schon so ergangen, dass aus Deiner Sicht Dein Gegenüber unbedingt einsteigen müsste, um seine Probleme dauerhaft lösen zu können und Dir aber am Schluss vom Gespräch mitteilte, dass Network Marketing für ihn nicht interessant sei.

In den meisten aller Fälle hat dann bei Deinem Gegenüber nicht der Verstand, sondern das Bauchgefühl entschieden. (Wusstest Du schon, dass im Bauch mehr als 100 Millionen Nervenzellen enthalten sind? Damit sind es mehr Nervenzellen als im gesamten Rückenmark. Von den Nervensträngen laufen 90 % der Verbindungen zum Gehirn von unten nach oben...).

In einem solchen Fall der Ablehnung, gibt es bei Deinem Gegenüber meistens einen oder zwei entscheidende Punkte, die zu einer gefühlsmäßigen Ablehnung der Geschäftsgelegenheit geführt haben. Du kannst den Interessenten zwar so gut wie nicht mehr „umdrehen", jedoch wäre es ein Fehler, nach der verneinten Abschlussfrage, nichts mehr zu unternehmen. Du solltest Dich zumindest noch bemühen, die Gründe für die Ablehnung herauszubekommen (damit Du Dich verbessern kannst) und etwas feinfühlig, dennoch präzise fragen:

„Herr/Frau XYZ, dass Sie nicht mitmachen wollen, verstehe ich, mir ist nur der Grund nicht ganz klar, der zu Ihrem Entschluss geführt hat – warum genau, entscheiden Sie sich gegen diese doch so einzigartige Geschäftsgelegenheit?"

Egal welche Antwort jetzt kommt: Es ist zu 90% die falsche Antwort! Auf die erste Frage erfahren Sie nur sehr selten den tatsächlichen Grund, sondern meistens nur einen „Vorwand".

Deswegen lohnt es sich, diese Frage noch einmal zu stellen: „Herr/Frau XYZ gibt es außer „xyz" (den gerade genannten Grund/Vorwand nennen) noch einen zweiten Grund, warum Sie diese Geschäftsgelegenheit ablehnen (oder nicht Kunde werden wollen...)?

Du wirst feststellen, dass jetzt oftmals Dein Gesprächspartner einlenkt und den wahren Grund für seine Entscheidung preisgibt.

Diese Vorgehensweise funktioniert zwar nicht immer und hängt unter anderem auch davon ab, welche Beziehung Du zu Deinem Gegenüber im Sponsor-Gespräch aufgebaut hast – jedoch wirst Du überrascht sein, welche wahren Gründe hinter der Entscheidung Deines Interessenten manchmal stehen.

Jetzt bin ich etwas weit vom eigentlichen Thema „Soft-Sponsoring" abgekommen.

Gehen wir nochmals zurück und halten fest, dass das Bauchgefühl in der Regel für Deinen Interessenten entscheidet. Wie können wir es schaffen dieses so positiv wie möglich zu beeinflussen?

Ganz einfach: Vergiss erst einmal bei der Geschäftspartnergewinnung das Geld und Deine MLM-Karriere für eine gewisse Zeit und konzentriere Dich darauf Freunde zu finden (anstatt Geschäftspartner). Mir war es immer wichtig, nur mit Menschen zusammenzuarbeiten, bei denen ich mir auch vorstellen konnte, dass diese meine Freunde werden könnten.

Deswegen habe ich mich von Anfang an immer um einen

freundlichen Beziehungsaufbau zu meinen Interessenten bemüht habe, anstatt nur über das Geschäft zu reden.

Wie so oft, gibt es ein paar feste Faktoren im Network Marketing, wie Du diesen Prozess für Dich positiv beeinflussen kannst und dabei leichter Freunde findest. Die Grundregel lautet: Stelle Deine Persönlichkeit bei den ersten Gesprächen etwas in den Hintergrund, interessiere Dich für Dein Gegenüber und versuche immer zuvorkommend zu agieren!

Ich gebe Dir dazu einfach ein paar Beispiele:

Wenn Du Deine Sponsorgespräche bei Dir zu Hause führst, dann stelle das nächste mal nicht gleich etwas zum Trinken und Deine Produkte bereit. Bitte Deinen Interessenten erst einmal herein und frage ihn, ob er den Weg zu Dir gut überstanden hat. Danach gibst Du ihm ein paar Sekunden Zeit, um Platz zu nehmen. Erst nachdem Dein Interessent sitzt, entschuldigst Du Dich kurz und holst etwas zum Trinken ins Zimmer herein. Während Du weg bist, hat Dein Interessent so erst einmal die Chance, sich mit der neuen Umgebung vertraut zu machen und Harmonie einkehren zu lassen. Halte die Produktmappe noch geschlossen und erzähle erst ein wenig von Dir, Deiner Familie und warum Du jetzt für Deine Network Firma tätig bist bzw. welcher Entschluss dazu geführt hat — aber nicht zu viel und zu lange. Dein Interessent und neuer „Freund" sollte immer deutlich mehr erzählen als Du selbst. Dies kannst Du durch das Stellen von Fragen jederzeit positiv beeinflussen. Beispielsweise kannst Du nach seiner Familie, nach Geschwistern, seinem jetzigen Beruf und warum er da ist fragen.

Wenn Du das Gefühl hast, etwas Sympathie aufgebaut zu haben, kannst Du damit beginnen, auf Deine Geschäftsgelegenheit umzuschwenken. Erzähle dann aber nicht so viel von Prozenten und Deiner Firma, sondern frage nach den Zielen Deines

Interessenten. Versuche herauszufinden, was ihm an seiner jetzigen Arbeit und Situation stört und erkläre ihm, wie er eine Veränderung seiner Situation mit Deinen Produkten und der wegweisenden Geschäftsgelegenheit im Network Marketing erreichen kann.

Ich betone es noch einmal:

Wenn Dein Gegenüber Dein Freund werden soll, muss das Interesse an ihm und seiner Situation einfach im Vordergrund stehen.

Das Sponsern geht dann wie von selbst.

Weiterhin ist es wichtig, eine gemeinsame Basis zu finden. Vielleicht gibt es eine Sportart, ein gesellschaftliches Interesse oder eine ähnliche familiäre oder berufliche Situation, die Euch beide verbindet. Hast Du das Gefühl eine gemeinsame Basis gefunden zu haben, dann sprich mit ihm darüber. Versuche eine Beziehung zu Deinem Interessenten aufzubauen.

Das Schöne daran ist: Selbst wenn Dein neu „gewonnener Freund“ nicht einsteigt, kann es sein, dass er es, aufgrund der Sympathie zu Dir, zu einem späteren Zeitpunkt doch noch macht. Dazu gehört auch die Beziehungspflege. Lege Dir beispielsweise Karteikarten an, auf denen Du nach dem Erstgespräch Details notieren kannst und telefoniere mit Deinem Interessenten ruhig zwei-, dreimal oder öfters im Jahr. Achte aber darauf, nicht die Geschäftsgelegenheit in den Vordergrund zu stellen, sondern erkundige Dich vor allem nach seinem Wohlergehen. Wenn Ihr gleiche Hobbies habt, versuche ruhig einmal etwas gemeinsam mit ihm zu unternehmen.

Die Situationen und Gründe der erstmaligen Ablehnung Deiner

Geschäftsgelegenheit ändern sich immer. Die Frage ist nur: „Wann ändern sich diese und hast Du zum Zeitpunkt der Veränderung noch Kontakt zu Deinem Interessenten, oder nicht?"

Bedenke bitte:

Multilevel Marketing muss nicht immer dem Gesetz der Zahl unterliegen, sondern kann auch dazu genutzt werden, um tolle Freunde zu finden!

Schlusswort

Egal wie Du Dich entscheidest, zukünftig potentielle Interessenten für Deine Geschäftstätigkeit zu kontaktieren, versuche dabei immer Du selbst zu bleiben.
Weiterhin empfehle ich Dir, unbedingt ein Wiedervorlagensystem einzurichten. Dies könnte beispielsweise ein Computerprogramm oder ein Karteikasten sein. In diesem Wiedervorlagensystem legst Du die Kontaktdaten der Personen, die Du während Deiner Aufbauphase im Multilevel Marketing telefonisch oder persönlich kennen lernst, ab.
Es macht immer Sinn, diesen Personen regelmäßig News über Dich und Deine Firma per E-Mail zuzuschicken oder diese sogar in gewissen Abständen – wie gerade beschrieben – freundlich zu kontaktieren und sich nach deren Wohlergehen zu erkundigen. Die Zeit arbeitet im Network Marketing immer für Dich. Sollte einer Deiner erarbeiteten Kontakte, aus welchen Gründen auch immer, nicht in Dein Geschäft eingestiegen sein, so können sich mit jedem Tag diese Gründe ändern. Menschen können unzufrieden oder arbeitslos werden. Familiäre Bedingungen können sich ändern, ebenso die Grundbedürfnisse und Ziele Deiner potentiellen Interessenten.

Ich wünsche Dir weiterhin viel Erfolg im Aufbau Deiner Network-Organisation und danke Dir für jede freundliche Kaufweiterempfehlung meines Buchs.

Dein André Göttler

P. S.: Lass Dir noch raten, nicht nur dieses Buch zu lesen, sondern Dich ebenfalls durch das ständige Lesen von weiteren Büchern oder das Besuchen von Seminaren zu einer hervorragenden Persönlichkeit weiterzuentwickeln.

- Über den Autor -

André Göttler hat selbst eine riesengroße Downline aufgebaut und weiß sehr genau, welche Faktoren für Ihren Erfolg im Network Marketing und MLM verantwortlich sind und wie er Ihnen zu Ihrem Erfolg weiterhelfen kann!

In der Network Branche erfreut er sich unterdessen großer Beliebtheit - schon alleine durch seine kostenlosen MLM Profi-Tipps.

Angetrieben vom Gedanken sich vom "typischen Arbeiter-Berufs-Leben" zu befreien, hatte er seinen erlernten Beruf (Industriekaufmann) sehr bald an den Nagel gehängt. Daraufhin stieg er in die Welt des Network Marketings ein. Aufgrund einiger Misserfolge in den ersten 2 Jahren seiner Network-Tätigkeit beschäftigte er sich ausnahmslos damit, warum er kein Einzelfall ist. Die dabei gewonnene Erfahrung über wirkende, existierende Lebensgesetze und über die Macht seines Unterbewusstseins gaben ihm den Mut und die Kraft, nochmals Anlauf zu nehmen. Bereits ein Jahr darauf konnte er sich zu den 5 größten Organisationen in seinem Branchensegment zählen.

Der verbundene Spass und die Leidenschaft dabei, andere Menschen nachhaltig zu begeistern und diese zu ihrem persönlichen, finanziellen und ideellen Erfolg zu coachen - entfachten ein riesiges

Feuer und Verlangen danach, ein Wissens-Konzept für jeden Networker aus der Branche zu entwickeln. Sein erfahrenes Praxis-Wissen gibt er heute an so viele Menschen wie möglich weiter. Er gründete seine dritte Unternehmung als Erfolgstrainer und führt nun Menschen auf Seminaren zu ihrem persönlichen Erfolg.

Dabei hat er niemals aufgehört sich persönlich weiterzuentwickeln. Er liest heute noch im Durchschnitt ein Buch pro Woche über Erfolgsmethodiken, existierende Lebensgesetze oder Biographien erfolgreicher Unternehmer und anderer Erfolgstrainer und besucht regelmäßig Seminare zur weiteren Entfaltung und Entwicklung seiner Persönlichkeit.

Sein weitreichendes, tiefgreifendes MLM-Praxiswissen verbunden mit seinem Trainer-Wissen, wie psychologische Prozesse und Abläufe (vor allem im Network Marketing) funktionieren, machen seine Informationen für jeden Networker äußerst interessant.

Wenn Sie mehr über André Göttler wissen möchten, so besuchen Sie doch einfach seine Internetseite: www.andregoettler.de

Auf der Internetseite www.go-diamond.net können Sie sich kostenlos zu den MLM Profi Tipps eintragen und sich über seine angebotenen, fantastischen und exklusiven Seminare informieren.